趣味閱讀學成語 5

主編／ 謝雨廷　曾淑琪　姚嵐齡

中 華 教 育

錄

趣味閱讀學成語 5

學習篇

處事篇

品德篇

張良是漢朝開國君主劉邦的軍師，在還沒有加入劉邦的軍隊時，他是一個**血氣方剛**的年輕人。有一天他遇到了一件事……

那天，張良在橋上散步，遇到一位**老態龍鍾**的老人。那老人無緣無故地將穿着的鞋丟下橋，並對張良說：「小夥子，去幫我把鞋撿回來！」

張良覺得老人有意耍弄他，**勃然大怒**，想上前教訓他一頓！但看老人**皓首蒼顏**，年紀也有一大把了，不忍動手，只好強壓着心中的怒氣，**勉為其難**爬下橋幫老人撿鞋。

鞋子撿回來，老人謝字都沒出口，就叫張良幫他穿上，又惹得張良**怒火中燒**。但想想鞋子

成語自學角

血氣方剛：指年輕人精力旺盛，容易衝動。

老態龍鍾：形容年老體衰，行動不靈活的樣子。

勃然大怒：突然大發脾氣。

皓首蒼顏：頭髮雪白、臉容蒼老。形容老年人的模樣。

勉為其難：勉強去做能力所不及或不願意去做的事。

怒火中燒：心中升起熊熊怒火。形容非常憤怒。

都撿上來了，就好人做到底吧！於是張良**忍氣吞聲**，蹲跪在老人腳前幫他穿上鞋子。

鞋子穿好後，老人只是哈哈大笑，就**揚長而去**。張良不明所以，便尾隨着他，走沒幾步，老人回過頭來對張良說：「**孺子可教**也！五天後的黎明，你再到橋上跟我會面。」

五天後的黎明，張良準時到橋上赴約，但是老人早已在那裏等候，老人**怏怏不悅**地說：「和長輩相約，應該要提早到才對。五天後再來吧！」說完**拂袖而去**。雖然**碰一鼻子灰**，但張良認為老人說得很有道理。

忍氣吞聲：忍住氣，不敢出聲。形容受了氣也強自忍耐，不敢作聲抗爭。

揚長而去：掉頭不理，大模大樣地離去。

孺子可教：孺子，小孩子。指年輕人可以栽培成材，可以接受教誨。

怏怏不悅：因不滿而不高興的樣子。

拂袖而去：袖子一甩就離去了。形容因生氣而不滿地離開。

碰一鼻子灰：比喻被拒絕而感到難堪。

五天後，張良一早起來，提前到約好的地點。但老人仍先到一步，又再**正言厲色**地罵了張良一頓。

第三次，張良乾脆半夜就到橋上等候，這次終於比老人早到！老人笑着說：「請教別人，本來就應該如此。」然後拿了一本書給張良，說：「這是《太公兵法》，好好研讀，之後你就可以成為輔佐君王的軍師了。」

經過老人的啟發，張良磨掉了**好勇鬥狠**的脾氣，後來成為了**名垂青史**的軍師。

成語自學角

正言厲色：言辭鄭重，神情嚴厲。

好勇鬥狠：喜歡逞強來表現勇武，與人鬥力比狠。

名垂青史：青史，史書。名聲留於歷史上。形容功業輝煌，永垂不朽。

故事中老人讚許張良「孺子可教」，張良的表現對你在學習上有甚麼啟發？

寫一寫

在表格中找出以下形容老年人的成語，塗上從入口到出口的路線。

形容老年人的成語

老態龍鍾、風燭殘年、雞皮鶴髮、行將就木、

老當益壯、皓首蒼顏、日薄西山

入口

	老	當	益	壯	風	燭
血	氣	方	剛	行	年	殘
髮	鶴	皮	怒	將	老	而
老	忍	雞	火	就	木	顏
態	氣	山	日	光	皓	首
龍	吞	西	薄	日	顏	蒼
鍾	聲	扶	老	攜	幼	好

出口

某農村住了一個老翁，他**白手起家**，憑着刻苦實幹的精神，成為**腰纏萬貫**的富翁。可是老翁的祖宗三代都是文盲，他深切體會到不識字做甚麼事都不方便，不想兒子阿福跟自己一樣**目不識丁**，所以決心讓他讀書識字。

老翁重金禮聘了一位**飽學之士**來教阿福。第一天上學，老師用毛筆在紙上寫了一橫畫，說：「這字是『一』。」阿福認真地記在心裏，回家後就寫給老翁看。老翁看阿福學得**津津有味**，心裏感到很安慰。

第二天上學，老師在紙上寫了兩橫畫，說：「這個字是『二』。」阿福一樣牢記在心裏，卻覺得**興味索然**了。回到家也沒有說甚麼。

成語自學角

白手起家：自己獨立興起家業，沒有家庭背景的依靠。

腰纏萬貫：貫，為古代計算錢幣的單位。比喻財富很多，非常富有。

目不識丁：連「丁」這樣簡單的字都不認得。比喻不識字或毫無學問。

飽學之士：學識淵博的人。

津津有味：形容興味濃厚的樣子。現在也用以形容食慾旺盛或食物美味。

興味索然：興致情趣全無。

到了第三天，老師在紙上寫了三橫畫，說：「這個字是『三』。」阿福眼珠一轉，突然一副**茅塞頓開**的模樣，沒等放學，筆一扔就**興高采烈**地奔回家。他跟父親說：「認字實在**輕而易舉**啊！我已經學成了，以後不用再麻煩老師了！」

老翁見兒子**聞一知十**，不由得**喜上眉梢**，於是辭退了老師。過了幾天，老翁想請一位姓萬的朋友來家聚會，於是吩咐兒子一早起來寫請帖。

阿福拍拍胸脯說：「這容易，交給我吧！」

老翁見兒子信心十足，就放心去張羅其他的事情。可是直到**日落西山**，老翁仍不見請帖寫好，連忙去兒子房裏催促。進到房裏，只見

茅塞頓開：茅塞，茅草長滿山路，用來比喻知識未開，思路不通。「茅塞頓開」形容對不明白的事突然領悟、明白。

興高采烈：形容興致勃勃，情緒熱烈的樣子。

輕而易舉：重量輕而容易舉起。比喻事情很容易做到。

聞一知十：聽得一道理，就可以推悟出其他的道理。形容人天資聰穎，領悟力和類推能力都很強。

喜上眉梢：喜悅的情感流露於眉宇之間。

日落西山：太陽漸漸隱沒在西邊的山腳下。指黃昏的時候。

阿福**愁眉苦臉**的，手上拿着一把沾滿墨水的木梳子不停地在紙上畫着。紙張從桌上垂落到地上拖得老長，有如河水般**綿延不絕**，上面全是一條一條的橫向黑線。

阿福一見到父親便**叫苦連天**：「天下姓氏那麼多，他為甚麼偏偏要姓萬呢？我借來了母親的梳子，一次可以寫二十畫，可是從早寫到現在，手都快廢了，還寫不到三千畫。這萬字真難寫啊！」

成語自學角

愁眉苦臉：眉頭緊皺，苦喪着臉。形容憂傷、愁苦的神色。

綿延不絕：延續不斷。

叫苦連天：不斷的叫苦，表示痛苦到了極點。

阿福在學習上犯了甚麼毛病？
學習要有怎樣的態度？

試從這個故事所學的成語中，選擇最適當的填寫在橫線上。

1. 王老先生雖然 ＿＿＿＿＿＿＿＿，但生活十分簡樸。

2. 阿花不管做甚麼都只有三分鐘熱度，沒一會兒就 ＿＿＿＿＿＿＿＿＿＿＿＿。

3. 路卡是馬戲團的特技犬，跳圈圈對牠來說 ＿＿＿＿＿＿＿＿。

4. 郭先生靠自己 ＿＿＿＿＿＿＿＿，短短十年開設了多間餐廳。

5. 這幾天一直聽見妹妹為了考試 ＿＿＿＿＿＿＿＿，我特意買雪糕鼓勵她。

6. 我們在郊外玩了一整天，直到 ＿＿＿＿＿＿＿＿，才依依不捨地回家。

7. 有件事情困擾我很久，經老師開導後，終於 ＿＿＿＿＿＿＿＿。

8. 曾老師講課十分精彩，同學都聽得 ＿＿＿＿＿＿＿＿。

9. 外祖母小時候沒上過學，所以 ＿＿＿＿＿＿＿＿，連自己的名字都不會寫。

10. 店裏的生意一直沒有起色，老闆成天 ＿＿＿＿＿＿＿＿ 的樣子。

完全照抄

從前有個有錢人，他某天**突發奇想**：何不弄個一官半職來當呢？看起來**威風凜凜**的，說不定還可以利用權力地位，賺更多錢財呢！

於是他花了一大筆錢，買得一個太守旁的小官來做。上任那天，他穿起官服，頭戴官帽，**志得意滿**地走來走去，心裏非常興奮。

成語自學角

突發奇想：一時興起而產生的奇妙想法。

威風凜凜：威武的氣概逼人，令人敬畏的樣子。

志得意滿：形容又得意又滿足的樣子。

胸無點墨：胸中沒有一滴墨水。比喻人毫無學識。

七上八下：形容心情起伏不定、忐忑不安。也指零落不齊或紛亂不齊。

沒幾天難題就來了。太守要他寫一篇奏事的呈文，他**胸無點墨**，怎懂得寫呈文呢？他心裏**七上八下**，吃不下、睡不好，原本歡喜的氣氛一下子變得**愁雲慘霧**。

他的妻子跟他說：「聽說鄰居張三是個**博覽羣書**的書生，你去拜託他寫一篇，不就可以了嗎？」

有錢人立刻**轉悲為喜**，說：「對啊！我怎麼沒想到呢？」於是他**步履如飛**的跑到張三家。

可是，張三兩手一攤，搖搖頭說：「不是我不幫你，而是我也不會寫這種文章，**愛莫能助**啊！不過我聽說以前有個人叫葛龔，他很擅長寫奏事呈文，不如你就照他寫的抄下吧！」

有錢人聽了非常高興，趕緊去找葛龔的文章，最後總算找到了。由於事情**十萬火急**，他來不及細看文章，就一字不改地照抄，連呈奏者的名字「葛龔」也一起寫上。

愁雲慘霧：色彩慘淡的雲霧。比喻淒涼，使人發愁的景象。

博覽羣書：形容人閱讀廣博，學識豐富。

轉悲為喜：轉悲傷為喜悅。

步履如飛：形容行動快速如飛。

愛莫能助：指內心雖然同情，想要幫助卻無能為力。

十萬火急：形容非常緊急。

第二天，他把呈文交給太守。太守看了，**大發雷霆**，氣得一句話也說不出來，馬上就把他革職了。

這個**不學無術**的有錢人，以為可以矇混過關，但能騙過一時，騙不了一世，終究會**露出馬腳**。只有具備**真才實學**，才能經得起考驗，獲得成功。

成語自學角

大發雷霆：霆，極響的雷。比喻大發脾氣，大聲斥責。

不學無術：學，學問。術，技能。原指沒有學問因而沒有辦法。現指沒有學問和本領。

露出馬腳：古代有一種遊戲，把馬披上偽裝的外皮，裝扮成其他動物，但馬腳沒有掩飾好而露了出來。比喻隱蔽的真相泄露出來。

真才實學：真正的才能和學識。

你長大後想做甚麼工作？你會怎樣裝備自己，成為一個真才實學的人？

試從這個故事所學的成語中，選擇最適當的填寫在橫線上。

1. 吳老師 ____________________，而且把古今中外的知識融會貫通，運用自如。

2. 有很多好吃的菜餚，都是廚師 __________________ 的創意成果呢！

3. 這個魔術師技藝不精，頻頻 ________________，讓觀眾看見破綻。

4. 颱風過後，整塊稻田都淹水了，想起一年的辛勞全部泡湯，農民全籠罩在一片 ____________________ 當中。

5. 李伯伯脾氣不好，不管大事小事，動不動就 __________________，所以沒有人喜歡跟他親近。

6. 超人登場！他那 ____________________ 的姿態，讓民眾不由自主地發出歡呼聲。

7. 這個舞蹈表演十分盛大，能夠入選的都是有 ____________________ 的表演者。

8. 想到還未完成功課，明天又有英語科測驗，我心裏就 ______________________。

神童變凡人

宋朝有個小孩叫方仲永，他家**世世代代**耕作種田。方仲永長到五歲，從沒見過紙筆墨硯。

有一天，方仲永突然跟家人要紙筆墨硯，說想要寫詩。他的父親十分驚訝，馬上向鄰居借了文房四寶。方仲永拿起筆**一揮而就**，寫了四句詩，並題上自己的名字。

同鄉裏的幾個讀書人**將信將疑**，跑去方家一探究竟。有人指定事物要小仲永作詩，他都能立刻下筆成詩，而且內容雅致，文采絢麗。大家都十分驚訝，說：「只要好好栽培，**功成名就**就**指日可待**啊！」

成語自學角

世世代代：累世、累代。

一揮而就：一動筆就已經寫好。形容在書法、繪畫或作文的才思敏捷。

將信將疑：有點相信，也有點懷疑。形容對事物的真假無法明確判定。

功成名就：事業有所成就，而且有名望。

指日可待：指日，可以指出日子。指願望或期盼不久即將實現。

方仲永的天賦**一傳十，十傳百**，傳遍了整個縣。很多**慕名而來**的人，目睹仲永的文采後，無不**嘖嘖稱奇**。漸漸有人請仲永的父親帶他去作客，也有人拿錢買仲永的詩。

他的父親**樂不可支**，認為這件事**有利可圖**，便不讓仲永上學讀書，成天帶着他拜訪同縣的人，找機會讓他表演作詩，以獲得誇讚與獎賞。

大臣王安石回鄉時，在他的舅父家見到方仲永。當時他已經十二三歲了。王安石叫他作詩，寫出來的詩已經大為遜色，**不可同日而語**。又過了七年，王安石從揚州回鄉，再到舅父家

一傳十，十傳百：一人傳十人，十人又傳百人。形容消息輾轉相傳，散佈得很快。

慕名而來：仰慕盛名而前來拜訪。

嘖嘖稱奇：嘖嘖，咂嘴發出的聲音。表示感到驚奇、讚歎。

樂不可支：支，撐住。快樂到不能撐持的地步。形容快樂到極點。

有利可圖：有利益可以謀取。

不可同日而語：差別很大，不能相提並論。

去，問起方仲永的情況。他的舅父搖搖頭說：「他的才華已經消失了，就跟普通人**毫無二致**。」

王安石感歎地說：「方仲永**得天獨厚**，他的天賦比一般有才能的人要優秀得多，可惜最終變成一個**碌碌無能**的人！這是因為他沒有接受後天的教育啊！這樣一個**出類拔萃**的人，沒有接受教育，尚且變成平凡的人；那些先天不足的人，如果再不接受教育，連做一個普普通通的人都不行啊！」

成語自學角

毫無二致：絲毫不差，完全相同。

得天獨厚：獨得上天的厚愛，具有特別優越的天然條件。多用於形容人的天賦、社會條件，或是地方的自然環境特別優越。

碌碌無能：平庸沒有才能。

出類拔萃：遠超出同類之上，高出同輩。形容才能特出，超越眾人。

讀過方仲永的故事後，你在學習方面領略到甚麼道理？

試從這個故事所學的成語中，選擇最適當的填寫在橫線上。

1. 他有 ________________ 的音樂天賦，不管甚麼樂器一學就上手。

2. 麗麗說話總要誇大其辭，因此大家對她的話都 ________________ ___________。

3. 這家壽司店生意很好，不少人 __________________。

4. 經過苦心訓練，千千的表達能力流暢許多，和過去說話結巴的樣子 __________________。

5. 小玉奪得校際歌唱比賽冠軍的消息 __________________，很快地整間學校的人都知道了。

6. 他是個見錢眼開又勢利的人，除非 __________________，否則他是不可能幫你的。

7. 只要持之以恆，向着目標努力奮進，成功 __________________。

8. 這些美麗的藝術品全是用資源回收的鋁罐做的，參觀者得知後，無不 __________________。

紙上談兵的趙括

戰國時，趙國名將趙奢的兒子趙括，從小熟讀兵書，說起用兵的方法**頭頭是道**，自覺天下人都無法超越他。有一次，他與父親談論起作戰的方法時，連**身經百戰**的趙奢也駁不倒他。可是趙奢並不認為這是一件值得稱頌的事，他告訴妻子：「作戰是一件**生死攸關**的事，而趙括卻看成是兒戲。將來趙王沒有用他當將軍也就罷了，如果起用他，那麼讓趙國兵敗如山倒的一定就是趙括。」

後來，秦國攻打趙國。當時趙國人才凋零，趙奢已經去世，相國藺相如又病重無法輔政，只剩大將軍廉頗獨撐大局。廉頗治軍有方，**深謀遠慮**，知道不能和強大的秦軍硬拼，於是下令**堅壁清野**，無論對方如何挑戰，始終不為所動。

成語自學角

頭頭是道：原為佛教語，指處處都存在着道。後用以形容說話或做事有條不紊。

身經百戰：親身經歷上百次的戰鬥。形容經歷多，經驗豐富。

生死攸關：關係到生死存亡。比喻關係重大。

深謀遠慮：計劃周密，思慮深遠。

堅壁清野：堅守壁壘，使敵人攻不下陣地；清除郊野的糧食房舍，轉移可用的人員和物資，使敵人欠缺補給而無法久戰。這是一種作戰策略，使敵人在攻下據點之後，也無法長期佔領。

時間一長，秦軍果然對趙國一點辦法也沒有。秦相范雎恐怕糧草不接，就想了一個方法……

過幾天，趙王聽到四處有人傳言：「**後生可畏**啊！秦國只怕趙國讓年輕有為的趙括帶兵，趙括**雄才大略**，只要他掌握兵權，秦國沒多久就投降啦！」

趙王想要**速戰速決**，便決定讓趙括接替廉頗。但是趙括的母親上書反對，提出趙奢生前的警告。藺相如也對趙王說：「趙括雖熟讀兵書，卻不會**隨機應變**，不能派他做大將。」

但是趙王**獨斷專行**，堅持任用趙括。趙括一掌兵權，馬

後生可畏：比喻年輕人的成就超越先輩，令人敬畏。

雄才大略：傑出的才能和謀略。

速戰速決：用很快速的戰術來結束戰局。比喻用很迅速的方法將事情完成。

隨機應變：能隨事情的變化而靈活應對處理。

獨斷專行：只按自己的想法做事，而不考慮別人的意見。

上改變廉頗堅守的策略，出兵迎戰秦軍。年輕氣盛再加上**好大喜功**，果然使他掉以輕心中了敵軍的埋伏，還被切斷糧道，重兵圍困。趙括**騎虎難下**，死守四十多天後，糧盡援絕，他率領精兵想作**困獸之鬥**，卻遭秦軍亂箭射死。趙兵聽到主將被殺，**如鳥獸散**，紛紛投降，四十萬趙軍就在只懂得**紙上談兵**的趙括手裏全軍覆沒了。

成語自學角

好大喜功：喜歡做大事、立大功。形容人的作風浮誇不踏實。

騎虎難下：騎在老虎身上，害怕被咬而不敢下來。比喻事情迫於情勢，無法中止，只好繼續下去。

困獸之鬥：被圍困住的野獸所做的掙扎。比喻處於絕境中的頑強抵抗。

如鳥獸散：像被驚嚇到的鳥獸一樣四處逃散。比喻慌亂逃散的樣子。

紙上談兵：比喻不切實際的空談、議論。

有甚麼事情，不能只空談道理或理論，而要多實踐才能成功的呢？

試從這個故事所學的成語中，選擇最適當的填寫在橫線上。

1. 想要成功就要有所行動，老是坐在這裏 ________________ 是行不通的。

2. 他年紀輕輕，思慮卻比前輩周密又有創意，真是 ________________ 啊！

3. 上課鐘聲響了，同學仍聚集聊天，但老師進來後，大家 ________________，立刻回自己座位去了。

4. 大華反應快，在球場上懂得 ________________，為隊友助攻得了不少分數

5. 比賽最後五分鐘，紅隊雖然輸白隊十幾分，但仍作 ________________，不肯放棄。

6. 心肺復甦術是 ________________ 的急救方法，一定要好好學習。

7. 張先生做事 ________________，實際執行時可能遇到的困難都預先設想好了。

8. 這場比賽必須 ________________，以節省體力應付下一場比賽。

壽陵少年學走路

邯鄲是戰國時期的都城，聽說那裏的人走路姿勢優美，男的**虎步龍行**、**英姿颯爽**；女的**婀娜多姿**、**千嬌百媚**。壽陵有一個少年非常羨慕，想去邯鄲學習走路。他下定決心後，就收拾行李出發了。

經過一番長途跋涉，壽陵少年來到了邯鄲。一進都城，少年**大開眼界**！邯鄲人的步伐典雅端莊，而帶有節奏韻律，彷彿是隨着莊重的樂音在行進。不同職業的人走起路來也不盡相同，但散發出來的氣質都符合他們各人的身份地位。少年看了**歎為觀止**，深深覺得**不虛此行**。

成語自學角

虎步龍行：比喻莊重威武的儀態。

英姿颯爽：神采煥發，體態矯健的樣子。

婀娜多姿：婀娜，輕盈柔美的樣子。儀態柔美，姿容豐美。

千嬌百媚：形容女子非常柔美嬌豔。

大開眼界：眼界，視力所及的範圍。指開闊視野，增長見識。

歎為觀止：讚歎所見到的事物美好到極點。

壽陵少年花了很久的時間仔細觀察，然後**按部就班**來學習，但是不管他怎麼學，走起來總是**歪七扭八**，看起來**不倫不類**。其實由於地方的文化風俗、人們的體格不同，外人實在很難領會邯鄲人走路的精髓。

過了幾年，少年決定**打退堂鼓**，動身回家。

少年人想：既然學不會邯鄲人的姿態，倒不如回復自己原來的走路姿勢吧！他抬起腳就要走，沒想到卻不知該如何踏下去。原來少年長久學習邯鄲人走路，反倒忘記自己原本的走路方法。現在兩種走路方

不虛此行：虛，白白的、徒然。沒有白走這一趟。表示行動有所收穫，結果令人滿意。

按部就班：做事依照一定的程序、步驟，有條理地進行。

歪七扭八：歪斜不正的樣子。

不倫不類：倫、類，類別。不像這類，也不像那類。指人、事不合規範，不像樣。

打退堂鼓：古代縣官退堂，以擊鼓為信號。在此用來比喻畏縮地放棄原來想做的事，半途而廢。

法都不會，**進退維谷**的壽陵少年，只好**狼狽不堪**地爬着回去了！

別人的才能不見得適合自己學習，就像一件美麗的衣服可能因尺寸不合而穿起來不好看。每個人只要好好發揮自己的優點，也能夠**脫穎而出**，成為出色的人。不然就會像壽陵少年，最後**一無所長**。而這故事就濃縮成「邯鄲學步」這個成語，用來指一味仿效他人，不但沒有成效，反而還會失去自我。

成語自學角

進退維谷：不論前進或後退都無路可走的困窘處境。

狼狽不堪：形容處境窘困的樣子；或形容身心疲憊困頓。

脫穎而出：穎，尖銳物體的末端。錐子穿透袋子，尖端露了出來。比喻才能顯露出來，超越眾人。

一無所長：毫無專長。

成語練功房

寫一寫

以下成語與「邯鄲學步」意思相近，試把漏空的字填寫在（　）內。

1. 東（　　）效（　　）
2. （　　）搬（　　）套
3. 依樣畫（　　）（　　）
4. （　　）規（　　）隨
5. （　　）（　　）泡製
6. （　　）云（　　）云

從前有個脾氣很差的男孩，他動不動就**暴跳如雷**，也常常**口不擇言**，所以得罪的人**不計其數**，人際關係越來越糟糕。雖然事後男孩對自己的言行總是感到懊悔，但他就是控制不到自己的情緒。

男孩對父親說：「我真的很討厭自己！因為我的脾氣不好，朋友都與我**割席分坐**。但我實在**無能為力**啊！」

於是他的父親給了他一袋釘子，告訴他：「每次情緒失控時，你就釘一根釘子在後院的圍籬上。」

第一天，男孩釘了三十七根釘子。第二天，釘子的數量仍與第一天**相去不遠**。也許是一根

成語自學角

暴跳如雷：暴躁得像打雷一樣猛烈。形容人在發怒時跳腳吼叫的樣子。

口不擇言：指情急時說話不能選用恰當的言辭，或說話隨便。

不計其數：形容數目非常多，無法計算。

割席分坐：把席割斷，分開坐。比喻和朋友絕交。

無能為力：沒有能力做好某件事。

相去不遠：相差不多。

根的釘子，深刻地提醒他發脾氣的事實，漸漸地，他每天釘下釘子的數量減少了。他發現控制脾氣要比釘下那些釘子來得容易，因此控制脾氣的能力**與日俱增**。終於有一天，男孩再也不亂發脾氣了。

這時父親又告訴他：「從現在開始，每當你能控制自己的脾氣時，就從圍籬上拔出一根釘子。」**日復一日**，男孩**持之以恆**地努力着。一天，男孩把最後一顆釘子都拔出來了，他**心潮澎湃**，立刻走去告訴父親。

父親牽着男孩的手來到後院，說：「好孩子，你做得很好，你的脾氣跟以前相比，簡直是**判若兩人**！但我還要提醒你一件事：看看圍

與日俱增：隨着時間不斷地增加或增長。

日復一日：一天又一天。形容時間的流逝。

持之以恆：有恆心地堅持到底。

心潮澎湃：心緒如潮水不斷在撞擊。形容心情非常激動。

判若兩人：形容一個人的行為態度，前後截然不同，就像是兩個人。

籬上的千瘡百孔，這圍籬永遠不會回復成從前沒有洞的樣子了。你生氣時說的話就像這些釘子一樣，在聽者的心裏留下不可磨滅的疤痕。那些話就像刀子，當你戳傷了別人，不管你說了多少次對不起，即使傷口已經不再流血了，它仍會留下觸目驚心的傷疤。」

男孩聽了父親一番話後，默默想：我再也不要在別人心上留下疤痕了！

成語自學角

千瘡百孔：到處都是瘡口或孔洞。形容損壞程度嚴重，也可形容缺漏或弊病很多。

不可磨滅：永遠消失不了。指事情或言論等無法消除。

觸目驚心：看到某種情況而內心震驚。形容事態嚴重，引起震動。

你曾為了甚麼事發脾氣？發完脾氣後，你和其他人有甚麼感受？問題能解決嗎？

試運用提供的成語，說說以下兩幅圖片的內容。

成語

不計其數 / 千瘡百孔 / 觸目驚心 / 不可磨滅

從前有個富戶的工人，他每天除了劈柴、打掃，還要挑着兩個水桶，**千里迢迢**到大宅兩里外的小溪打水。

這兩個水桶原本完好無缺，後來其中一個的底部出現了一道裂縫，即使工人把兩個水桶都裝滿水，回到大宅時，也只是剩下一桶半的水。

這個破水桶終日**鬱鬱寡歡**，它覺得因為自己的殘缺，讓工人要**奔波勞碌**，多走幾趟才能挑足一天使用的水量。

有天，破水桶對工人說：「對不起！因為我的緣故，讓你挑起水來**事倍功半**，每天要多走

成語自學角

千里迢迢：形容路途遙遠。

鬱鬱寡歡：憂愁不開心的樣子。

奔波勞碌：忙碌奔走，不得悠閒。

事倍功半：指做事花費用或精神多而得到的效果小。

幾趟路，甚至被主人責罵工作效率低。你怎麼不乾脆把我換掉呢？一個完好無缺的水桶才是你的好幫手，你這樣同情我，只會讓我更加**自慚形穢**！」

工人笑了笑，說：「並非我**敝帚自珍**，而是你並沒有給我添麻煩啊！明天你就知道了。」第二天一早，工人仍然挑着兩個水桶出門，他對破水桶說：「仔細看看路旁的風景吧！」

自從底部有裂縫後，破水桶滿腹心事，很久沒去注意周遭景色。沒想到道路兩旁變得**花團錦簇**，風一吹拂，花草**搖曳生姿**，讓**垂頭喪氣**的破水桶也**精神抖擻**起來。

自慚形穢：自己覺得比不上別人。

敝帚自珍：敝帚，破掃把。比喻東西雖然不好，但因為是自己的，所以非常珍惜。

花團錦簇：花朵錦繡聚集在一起。形容繁花茂盛。後亦形容五彩繽紛、繁華美麗。

搖曳生姿：姿態優雅，婀娜多姿的樣子。

垂頭喪氣：低着頭，意志消沉。形容失意沮喪的樣子。

精神抖擻：精神飽滿有活力。

原來工人發現其中一個水桶漏水後，就在路旁撒下花草的種子，這麼一來，破水桶反而成了一個天然灑水器。這些**花花綠綠**的花朵，不僅讓工人在提水的路上**心曠神怡**，他有時還會摘些花草放在主人的房間，讓主人整天**樂樂陶陶**。這些全部都是破水桶的功勞呢！

工人的巧思讓破水桶**豁然開朗**，自信大增。誰不會遇到挫折？心念一轉，危機是轉機，風雨也是好風景。

成語自學角

花花綠綠：顏色豔麗紛繁。

心曠神怡：心情開朗，精神愉悅。

樂樂陶陶：形容心情十分愉悅。

豁然開朗：眼前頓時開闊明亮起來。後形容心境忽然變得開闊暢快；或形容突然領悟到某個道理。

成語練功房

寫一寫

試完成以下描寫花的成語，把答案寫在（　）內。

1. 花（　　）綠（　　）
2. （　　）語花（　　）
3. （　　）暖（　　）開
4. 花團（　　）（　　）
5. （　　）花齊（　　）
6. 含（　　）待（　　）
7. 萬（　　）千（　　）
8. （　　）紅（　　）綠

有天，艾子的朋友毛空登門造訪，兩人天南地北地閒聊起來。

毛空對艾子說：「我在路上聽人說起一件咄咄怪事，有一戶人家的鴨子生了一百顆蛋呢！」

艾子搖搖頭，表示不相信。毛空想了一下，說：「也許我弄錯了，可能是兩隻鴨子吧！」

艾子說：「就算兩隻鴨子，也是不可能。」

毛空又說：「大概是三隻鴨子吧！」

艾子仍然不相信，毛空就一次次增加鴨子的數量，一直加到第十隻，讓艾子啼笑皆非。艾子說：「你為甚麼只增加鴨子的數量，但不減少蛋的數量呢？」

成語自學角

登門造訪： 前往拜訪問候。

天南地北： 指講話沒有主題，無所不談。也比喻距離很遠。

咄咄怪事： 令人感到驚奇、不可思議的事。

啼笑皆非： 哭也不是，笑也不是。形容不知如何是好。

毛空一副**言之鑿鑿**的樣子，堅持是一百顆蛋。艾子見毛空這麼堅持，便一笑置之，不再理會他。

沒多久，毛空又說了另一件事：「蛋的事不足為奇，前幾天天上掉下一塊長三十丈、寬十丈的肉，那才神奇！」

艾子認為這件事**荒誕不經**，所以不相信。毛空改口說：「可能是二十丈長吧！」

艾子仍然搖搖頭，毛空又說：「那大概是十丈吧！」

毛空**天花亂墜**的言論把艾子惹得**怒氣填胸**，他說：「這些事都是你目見耳聞的嗎？你說說看，是哪一家的蛋？那塊肉又掉在哪個地方？」

言之鑿鑿：鑿鑿，確實。形容說話確實而有根據。

一笑置之：笑一笑就把事情擱在一邊。表示不在意或不當作一回事。

不足為奇：指某件事很平常，不感到奇怪。

荒誕不經：荒唐不近情理。

天花亂墜：形容說話動聽，但多指誇張不切實際。

怒氣填胸：胸中充滿怒氣。形容非常憤怒。

目見耳聞：親眼看到，親耳聽到。

見艾子發怒了，毛空這才訕訕地解釋：「不是……那些是我在路邊聽人說的。」艾子義正辭嚴地說：「別人在路上閒聊的話，也許是**子虛烏有**，也許是**斷章取義**，你怎麼能隨便相信呢？」

其後，艾子對他的弟子說：「你們要好好記住，不可以**道聽塗說**，若對聽到的事不加以查證就相信，甚至**以訛傳訛**、加油添醋，就會像毛空一樣鬧笑話。」

成語自學角

子虛烏有：子虛、烏有，漢代司馬相如《子虛賦》中假設的人名。比喻假設而不是真實存在的事物。

斷章取義：指截取文章或談話的某一部分，不顧整體內容的原意。

道聽塗說：在路上聽到沒有根據的話，未經求證就說給別人聽。泛指未經過證實、沒有根據的話。

以訛傳訛：訛，錯誤。把不正確的訊息繼續傳播下去。

思考園地

現時網絡充斥着大量資訊，我們可以如何辨別資訊的真假呢？

試從這個故事所學的成語中，選擇最適當的填寫在橫線上。

1. 雖然這本書描寫的世界是 ____________________，但卻令人嚮往。

2. 峯哥寬宏大量，對於別人的惡意中傷，他只是 ____________________ __________。

3. 他的個性很健談，____________________，甚麼都可以聊。

4. 阿航在阿傑背後說他的壞話，阿傑知道後 ____________________。

5. 我不是這個意思，請你不要 ____________________，曲解我的話。

6. 謝謝您的幫忙，改天我再 ____________________ 向您致謝。

7. 潔兒不過是請一個星期的假，怎麼 ____________________，變成轉學了呢？

8. 當初店員把這個手提風扇的好處說得 ____________________，結果用幾次就壞了。

9. 你又沒有 ________________________，怎麼能斷定是俊傑把花瓶打破的？

不同的地方

有兩個年齡**相去無幾**的年輕人，一個叫阿德，一個叫阿諾，同時受僱於一家店鋪，並且拿同樣的薪水。

一年半載後，阿德**平步青雲**，而阿諾卻**一如既往**。阿諾看在眼裏，心裏**忿忿不平**，他認為自己做事認真，從不**虛應故事**，所以很不滿老闆的差別待遇。這天，阿諾終於向老闆發出抱怨了。老闆一邊耐心地聽他**絮絮叨叨**的抱怨，一邊在心裏盤算着如何用簡單的方式，來解釋他們兩人的差別。

想了一會兒，老闆說：「阿諾，你現在去看看，今天早上市集在賣些甚麼？」

成語自學角

相去無幾：相差沒有多少。

平步青雲：平，平穩。步，行走。青雲，高空。比喻一下子達到很高的地位。

一如既往：一，完全。既往，以前。完全和以前一樣，沒有改變。

忿忿不平：忿，憤怒。因憤怒而感到不滿。

虛應故事：指依照慣例做個樣子，應付而已。形容做事不認真、敷衍了事。

阿諾想趁機表現，於是三腳兩步衝去市集再衝回來，氣喘如牛地向老闆報告，早上市集只有一個農民在賣馬鈴薯。

「數量有多少？」老闆問。

阿諾又跑到市集，然後回來告訴老闆共有四十袋馬鈴薯。

「價格是多少？」老闆又問。

阿諾第三次跑到市集問來了價格。

老闆對阿諾的表現**不置可否**，只對他說：「現在請你坐到這把椅子上，仔細地聽聽阿德怎麼說。」

阿德很快就從市集上回來，對老闆說：「目前只有一個農民在賣馬鈴薯，一共四十袋，一斤二十元。馬鈴薯**物美價廉**，我帶回來一個讓老闆看看。這個農民一小時後還會載來幾

絮絮叨叨： 絮絮，說話連續不斷。叨叨，話很多的樣子。說話囉嗦而重複。

三腳兩步： 三步併作兩步。形容急急忙忙的樣子。

氣喘如牛： 形容呼吸急促，像牛一般大聲喘氣。

不置可否： 沒有說可以，也沒有說不可以。形容不表示任何意見。

物美價廉： 物品精美，價格便宜。

箱番茄，價格合理。昨天店裏的番茄被**一掃而空**，今天庫存也**寥寥無幾**了。我想番茄這麼便宜，老闆應該會多進一些，所以就帶回了一個番茄做樣品，我把那個農民也帶來了，正在外面等着回話。」

老闆很滿意阿德**面面俱到**的表現，他轉頭向阿諾說：「阿德的薪水為甚麼比你高，應該**不言而喻**了吧？」

成語自學角

一掃而空：一下子便掃除乾淨。比喻徹底清除。

寥寥無幾：寥寥，稀少。無幾，不多。指數量很少。

面面俱到：俱，全都。各方面都照顧到，十分周到。也指雖照顧到各方面，但重點不突出。

不言而喻：喻，明白。不用說明就可以明白。形容事理極其易懂。

寫一寫

試從這個故事所學的成語中，選擇最適當的填寫在橫線上。

1. 多年沒見了，表姐仍 ____________________ 美麗又風趣。
2. 這兩套衣服的款式和價錢 ____________________，也很適合你，挑哪一套都是不錯的選擇。
3. 小光覺得父母都很偏心弟弟，因此感到 ____________________。
4. 聞到烤雞的香味，我和妹妹 ____________________ 衝到餐桌前，準備大吃一頓。
5. 最近天氣轉涼了，媽媽總是 ____________________ 地叮囑我注意添衣。
6. 對於我提議去看電影，哥哥 ____________________，不知他是不是另有打算。
7. 天色才微微亮，路上行人 ____________________，等到太陽高升，城市就熱鬧起來了。
8. 毛毛打掃不認真，總是 ____________________，難怪老師叫他再掃一次。

日本京都黃蘗寺的山門上，掛着一幅寫着「第一義諦」四個大字的題匾。這幅巨作的一筆一畫都**龍飛鳳舞**，吸引許多遊客駐足觀賞，久久捨不得離開。

這四個字是二百多年前洪川大師的手跡，為這四個字，他**一而再，再而三**地揣摩，足足寫了八十五遍才寫出來。為甚麼要寫這麼多遍呢？這跟替他磨墨的弟子有很大的關係。這位弟子是一位眼力不俗、又**直言不諱**的人，洪川大師的一筆一畫，稍有瑕疵，都會被他**一絲不苟**地挑出來。

「這幅不好。」洪川大師寫了第一幅後，弟子說。

成語自學角

龍飛鳳舞：形容書法筆勢有力，生動活潑。

一而再，再而三：一次又一次，指接連好幾次。

直言不諱：說話坦率又直接，毫無顧忌。

一絲不苟：一絲，一點點。苟，隨便、草率。形容做事認真，一點兒也不馬虎。

「這幅比剛才那幅還差。」洪川大師寫了第二幅後，弟子皺着眉頭又說。

「那麼這一幅呢？」第三幅完成後，洪川大師問。

「**平心而論**，這已經是一幅**無可非議**的佳作了，但還說不上**十全十美**。」弟子仍然搖搖頭。

洪川大師是一個力求完美的人，他不願**敷衍了事**，在弟子的批評下，**不厭其煩**地寫了八十四幅的「第一義諦」。但始終沒有得到他的讚許。

後來，嚴格的弟子有事離開片刻，洪川大師鬆了一口氣，心想：這下我可以避開他那雙銳利的眼睛了。就在了無羈絆的心境下，洪川大師**聚精會神**，放手

平心而論：平心靜氣地給予客觀的評論。

無可非議：非議，指責、批評。沒有甚麼可讓人批評的，表示做得很妥當。

十全十美：圓滿完美，沒有缺陷。

敷衍了事：形容辦事不認真或對人不熱情，表面應付了事。

不厭其煩：不嫌麻煩。

聚精會神：集中精神，專心一意。

揮灑，一氣呵成寫了第八十五幅的「第一義諦」。

弟子回來一看，不禁拍案叫絕：「神品！」

當有人站在旁邊等着掂斤估兩時，就連洪川大師都不由自主地拘謹起來。做人若處處考慮別人的看法，就容易過度患得患失，這樣一來，束縛了自己，又怎能做得好呢？

成語自學角

一氣呵成：一口氣完成。比喻文章氣勢流暢；也比喻事情進行得很順利緊湊而不間斷。

拍案叫絕：拍桌子叫好。形容非常讚賞。

掂斤估兩：掂，用手估量物件輕重。計算輕重。比喻品評優劣或形容過分計較。

不由自主：由不得自己做主，指不能控制自己。

患得患失：得到前怕得不到，得到後又怕失去。形容人把得失看得很重。

面對別人對自己的看法或意見，你認為應該抱持怎樣的態度？

試從這個故事所學的成語中，選擇最適當的填寫在橫線上。

1. 爸爸 ____________________，一再反覆地教弟弟綁鞋帶。

2. 媽媽買東西前，總會先 ________________，確定物超所值後才購買。

3. 麗麗作文前，會先沉思構想，準備好了才動筆，__________________ 寫好文章。

4. 既然你如此誠懇地問我意見，那麼我就 ____________________ 了，若有得罪，請多包涵。

5. 火車、飛機等交通工具的維修一定要 ____________________，因為任何疏忽都會釀成大禍。

6. 就要考試了，哥哥正 ____________________ 地温習。

7. 若然你有真憑實學，這個獎非你莫屬，你這麼 ____________________________，只會令壓力更大。

8. 妹妹在豬排上灑了太多胡椒粉，讓我 ____________________ 地打了許多噴嚏。

從前有兩個鄰居，一個是窮鞋匠，一個是魚店富老闆。

魚店老闆經營有方，把店鋪打理得**有聲有色**，尤其是他做的燻魚乾**口碑載道**，每天都銷售一空。不過，他愛財如命，**一毛不拔**，是一個事事計較的人。

鄰居窮鞋匠很喜歡吃燻魚乾，但他的鞋店經常**門可羅雀**，平時的收入只能勉強維持生活，想買魚乾來吃**談何容易**。但窮有窮的辦法……

某天中午吃飯時候，窮鞋匠端了一碗白飯到魚店，坐在燻魚的爐子旁，一邊和魚店老闆閒話家常，一邊用力深呼吸，吸取燻魚乾的香味。

成語自學角

有聲有色：原指人擁有美好的名聲和榮顯的地位。後形容事物精采，淋漓盡致。

口碑載道：羣眾稱讚的話，就像刻在石碑上一樣，到處流傳。比喻廣受好評。

一毛不拔：一根毛也不肯拔下。形容人非常吝嗇。

門可羅雀：門前冷清，空曠得可張網捕雀。形容做官的人失勢後賓客稀少的景況。也泛指一般來客稀少、門庭冷清的景況。

談何容易：指嘴裏說說容易，實際做起來卻很困難。

「哦！這味道多好啊！」鞋匠用香味下飯，想像燻魚乾在嘴裏咀嚼的香味。接連幾天，窮鞋匠都**如法炮製**。

斤斤計較的魚店老闆察覺鞋匠的計謀，對他打起**如意算盤**。一天，魚店老闆走進鞋匠家，遞給他一張紙，上面**鉅細靡遺**地記錄了鞋匠到魚店的次數與吸燻魚乾香味的次數。

鞋匠心裏明白，但仍**裝瘋賣傻**地問：「這是甚麼啊？」

魚店老闆**振振有辭**地說：「你以為誰都可以到我店裏吸燻魚的香味嗎？這種享受是要付費的！」

鞋匠聽了，**默不作聲**地從口袋裏掏出兩枚硬幣放進茶杯，然後用手掌捂住杯口，再搖動茶杯，硬

如法炮製：炮製，用烘、炒等方法把藥材製成中藥。本指按照一定的方法製作中藥。現比喻照着現成的方法辦事。

斤斤計較：斤斤，過分計較（瑣細的或無關緊要的事物）。形容過分計較微小的利益或無關緊要的事情。

如意算盤：比喻一廂情願的做對自己有利的打算。

鉅細靡遺：重要的或不重要的都不會遺漏。比喻做事很仔細。

裝瘋賣傻：故意假裝成痴呆瘋癲的樣子。

振振有辭：自以為有理，說個不停的樣子。

默不作聲：悶不吭聲，不說一句話。

幣發出清脆響亮的聲音。幾分鐘後，他停下來，把茶杯放在桌子上，笑着對魚店老闆說：「聽見了吧？抵銷債務應該綽綽有餘了。」

「甚麼？你想賴賬嗎？」魚店老闆準備破口大罵。

「我剛才已經用硬幣的聲音付了燻魚乾的香味。你若覺得不夠，我可以再多搖一會兒。」窮鞋匠笑着解釋。

魚店老闆一時無話可說，如意算盤打不成，便訕訕地走了。

成語自學角

綽綽有餘：綽綽，寬裕。形容各方面非容寬裕，足以應付所需。

破口大罵：用惡語大聲咒罵。

無話可說：言辭窮盡，沒有話可說。

「慷慨」有不同的方式，包括與人分享、幫助別人等。在適當時候對人慷慨，能帶來甚麼好處呢？

以下是形容吝嗇的成語，試在（　）內填寫適當的字。

1. 錙銖（　　）（　　）

2. （　　）（　　）計較

3. 善（　　）難（　　）

4. 一（　　）不（　　）

5. 愛（　　）如（　　）

沒有主見的人

從前有個沒有主見的人，他在大馬路旁**大興土木**，蓋了一間房子。眼看房子就要蓋好落成了，有一天，路人甲從旁經過，對着他的房子仔細打量，說：「這棟房子蓋得美輪美奐，但我要是這房子的主人，就不會這樣蓋了。」

房子主人聽到這話，連忙向路人甲請教：「請問先生，您會怎麼蓋呢？」

路人甲說：「我會把門窗全朝東，那樣每天早晨旭日東升，陽光就會射進房間裏來，可以養成早起的習慣。人生朝露，可不能**玩歲愒日**，而且屋子的採光會很好，豈不是**兩全其美**？」

主人聽了，連連點頭稱許：「對對對！您說得真對！」於是把房子拆了重蓋。

成語自學角

大興土木：大規模興建土木工程。通常指建造房子。

美輪美奐：輪，大。奐，文彩鮮明。形容房屋華美壯觀。

人生朝露：朝露在太陽一出來就蒸散了。比喻人生短暫。

玩歲愒日：愒，荒廢。貪圖安逸，虛度歲月。

兩全其美：做事顧全雙方，使兩邊都能得到好處。

第二次房子快要蓋好的時候，又有一位路人乙經過。他看了看房子，對主人說：「一棟讓人**夢寐以求**的住宅，講究的是冬暖夏涼，只有坐北朝南的房子才符合這樣的需求，向東怎麼可以呢？」

主人聽了，覺得**言之有理**，**隨聲附和**：「對對對！您說得對！」於是又把房子拆了。

正所謂**人多嘴雜**，後來出主意的人越來越多，有人說太矮，容易着火；有人說太高，浪費材料。總之**眾說紛紜**，隨便誰經過，都有一番見解，而且每個人都有一個**理直氣壯**的說法。

夢寐以求：寐，睡着。連睡夢中都在期盼追求。形容迫切追求，期盼願望實現。

言之有理：所說的話自成道理。

隨聲附和：沒有主見，隨着別人的意見盲目附和。

人多嘴雜：人數多而且意見不一致，各有各的說法。

眾說紛紜：各式各樣的說法，都不一樣。

理直氣壯：理由正大且充分，因而氣勢強盛而無所畏懼。

沒有主見的主人聽一個信一個，個個都讓他佩服得**五體投地**。於是他的房子蓋了又拆，拆了又蓋，就這樣三年過去了，房子還是沒有蓋好。

許多事都是一體兩面，有好有壞，不知道自己需要甚麼的人，很容易陷入**人云亦云**的困境，最後**一事無成**。成語「作舍道旁」就是比喻各樣的說法紛亂不一致，事情難以順利進行。

成語自學角

五體投地： 雙膝、雙肘和頭部五處着地，是古印度最恭敬的致敬禮。後來藉此比喻非常佩服的意思。

人云亦云： 人家說甚麼，也就跟着附和甚麼。指一個人沒有主見，只會盲目跟從。

一事無成： 指一件事也沒做成，或指事業上毫無成就。

假如你是房子主人的朋友，你會用甚麼方法改善他沒有主見的性格？

試從這個故事所學的成語中，選擇最適當的填寫在橫線上。

1. 這座新落成的美術館，外形 ____________________，不愧是出自名建築師之手。

2. 今年的生日禮物，是我 ____________________ 的腳踏車，真是開心極了！

3. 為了兼顧學業和課外活動，我必須想出 ____________________ 的時間安排。

4. 寫論說文，最重要的是 ____________________，這樣文章才具有說服力。

5. 他連續投進十顆三分球，大家佩服得 ____________________。

6. 很多人總是 ____________________，才常會有謠言滿天飛的現象。

7. 表哥整天跟着朋友 ____________________，令成績一落千丈。

8. 我們要趁年輕立定目標，努力奮鬥，免得到老時 ________________________________。

無禮的施捨

戰國時期，國與國之間**烽火連天**。加上天災連年，老百姓**民不聊生**、**流離失所**，幾乎快活不下去了。

這一年，齊國發生大旱，一連幾個月火傘高張，農作物枯死焦黃。境內**赤地千里**，尋常老百姓沒有糧食可以吃，只好啃樹皮；樹皮啃完吃草苗；草苗吃完吃草根。上天要是再不來場滂沱大雨，恐怕連石頭都得嚥下去了！

然而尋常老百姓淪落為難民，富有人家糧倉裏的儲糧卻**堆積如山**。有個富人叫黔敖，看窮

成語自學角

烽火連天：烽火，古代邊防據點用來報警的煙火，比喻戰爭。連天，景物與天空相連。「烽火連天」比喻戰爭連續不斷。

民不聊生：人民無法生活下去。形容百姓生活十分困苦。

流離失所：流離，由於災荒戰亂而流轉離散。指到處流浪，沒有安身的地方。

赤地千里：赤地，空地，指草木不生之地。寸草不生的土地綿延了千里。形容災荒的嚴重與荒涼。

堆積如山：東西堆得像一座山。形容東西很多。

人一個個**面黃肌瘦**、**軟弱無力**，心想自己家中糧食這麼多，就拿出來賑災吧！於是，他叫僕人準備食物擺在路邊，施捨給路過的難民。每當有難民走來，他便會吆喝招呼：「嘿！來吃吧！」

不久，來了一個**瘦骨嶙峋**的難民。只見他**蓬頭垢面**，**衣衫襤褸**，一雙破爛不堪的鞋子用草繩綁在腳上。破舊的衣袖遮住臉孔，走起路來**步履維艱**，跌跌撞撞，看起來像是好幾天沒吃東西了。

黔敖見他這模樣，便拿着食物，對他大聲吆喝：「喂，過來吃！」這位難民卻**置若罔聞**，沒有理他。

面黃肌瘦：臉色發黃，身體瘦削。形容人營養不良或有病的樣子。

軟弱無力：這裏形容身體虛弱無氣力。也可比喻處事不得力，不中用。

瘦骨嶙峋：形容人身體枯瘦、骨骼突出可見。

蓬頭垢面：蓬，蓬草，在此形容散亂的樣子。垢，骯髒。頭髮散亂，臉容骯髒。形容人的外表很髒亂，或者不修邊幅的樣子。

衣衫襤褸：襤褸，衣服破爛。衣服破爛不堪的樣子。

步履維艱：走路時步伐不穩，非常吃力的樣子。

置若罔聞：罔，無。雖然有聽到，卻像沒聽到一樣。形容把事情擱在一旁，不加理會。

黔敖又叫道：「聽到沒有？給你吃的！」

那人突然抬起頭來，對黔敖**怒目而視**，說：「收起你的東西吧！我就是不接受這種無禮的施捨，才會餓到這個地步，我寧願餓死也不願吃**嗟來之食**！」

黔敖聽了，慚愧得**無地自容**，馬上重新盛過食物，端到那人面前，說：「對不起，我錯了，請您慢用！」

但那人還是斷然拒絕，最後餓死在路旁。

成語自學角

怒目而視：因發怒而睜大眼睛，瞪視着對方。

嗟來之食：帶有侮辱或不懷好意的施捨。

無地自容：沒有地方藏身。多用於形容羞愧至極或處境窘迫。

黔敖向乞丐道歉，你認為乞丐應該接受他的道歉和食物嗎？為甚麼？

試運用在這個故事所學的成語，描述圖中人物的外貌。

高價買鄰居

南朝時，有個叫呂僧珍的人，他是個飽學之士，為人志誠高節。呂僧珍的家教嚴格，每一個人都品行端正、待人有禮，因此遐邇聞名。

南康郡守季雅為人剛正不阿，從來不屈服於達官貴人的威脅利誘。大官僚視他為肉中刺，眼中釘。後來，季雅被革職了。

季雅被罷官後，一家人只好從華麗的府弟搬出來。因為深明環境對人的影響深遠，所以季雅對於尋找未來的居所，抱持着寧缺勿濫的心態，煞費苦心地四處打聽最符合他期望的住所。

成語自學角

至誠高節： 形容人的品格節操非常高貴。

遐邇聞名： 遐，遠。邇，近。不論遠近，都有聽過其名聲。形容名氣很大。

剛正不阿： 阿，迎合。剛強正直，不偏私，不逢迎。

達官貴人： 權勢大的官員和地位顯貴的人。

威脅利誘： 以武力強逼，兼用利益引誘。意指用軟硬兼施的手段，使人屈服。

寧缺勿濫： 寧願沒有，也不願濫取。

煞費苦心： 煞，極、甚。極費心思。

季雅輾轉得知，呂僧珍的家風極好。於是，他特地來到呂家附近觀察，發現呂家子弟個個**溫文爾雅**、**知書達禮**，果然**名不虛傳**。說來也巧，呂家隔壁的人家打算把房子賣掉，**事不宜遲**，季雅趕忙去找這間屋主，開出一千一百萬兩的高價要購買。主人很滿意，**不假思索**就一口答應了。

於是季雅將家眷接來，就在這裏住下了。

溫文爾雅：形容人的神情、舉止溫和文雅，彬彬有禮。

知書達禮：熟讀詩書，懂得禮節。比喻人有學識、教養，應對進退都合乎禮節。

名不虛傳：所流傳的名聲與實際表現相符合，不是空有虛名。

事不宜遲：事情緊急，應立刻處理，不宜拖延。

不假思索：假，藉助。不用思考。形容人的反應敏捷。

呂僧珍過來拜訪這位新鄰居。兩人互相問候，**談天說地**了一會兒，呂僧珍問季雅：「先生買這座宅院，花了多少錢呢？」

季雅據實回答。呂僧珍吃驚地說：「據我所知，這處宅院已不算新了，也不很大，難道是賣主**漫天討價**？」

季雅笑了，回答：「不是的，我買房子的錢裏面，一百萬兩是用來買宅院的，一千萬兩是用來買您這位道德高尚、治家嚴謹的好鄰居啊！」

成語自學角

談天說地：天、地，天文、地理，泛指各種話題。表示漫無邊際地閒聊。

漫天討價：漫，胡亂、隨便。不合理地胡亂索取價錢。

有言「近朱者赤，近墨者黑」，意思是接近好人使人變好，接近壞人使人變壞。你認為環境或朋友對人的影響大嗎？

假設某天你跟媽媽去購物，試運用提供的成語和想像力，說說以下的情境。

成語

漫天討價、不假思索

從前有一個老農民，他雖然沒有**萬貫家財**，但勤儉持家，讓一家人衣食無虞，因此生活過得平實而美滿。

老農民臨終前，把兩個兒子叫到牀邊，把一塊寫着「勤儉」的匾額交給他們，**千叮萬囑**：「你們若不想挨餓受凍，就要照着這兩個字去做。」說完就**撒手人寰**。

後來，兄弟各自**成家立業**。為了公平，他們把匾額一分為二，老大分到「勤」字，老二拿了「儉」字。兩人分別照着匾額上的字去生活。

老大把「勤」字匾額高懸在家，每天**日出而作，日入而息**，果然年年**五穀豐登**。然而他

成語自學角

萬貫家財： 萬，形容數量很多。貫，古時用繩索穿錢，一千文稱為一貫。家中有上萬貫的錢財，形容很富有。

千叮萬囑： 千、萬，表示次數很多的意思。一再地叮嚀、囑咐。

撒手人寰： 比喻人去世。

成家立業： 組成家庭，建立事業。

日出而作，日入而息： 太陽升起就起牀工作，太陽下山就休息。指農家安定簡樸的作息，也可形容人辛勤工作。

五穀豐登： 五穀，指稻、小米、高粱、麥、豆，泛指各種農作物。指各種穀類作物收成好，也指豐年。

的妻子**揮霍無度**，孩子也常常**暴殄天物**，東西時常只吃一半就丟棄，久而久之，家中的儲糧越來越少，生活變得拮据。

老二把「儉」字匾額**畢恭畢敬**地擺放在神桌上供奉，並且過着節儉的生活，但卻把「勤」拋到**九霄雲外**。他疏於農事，不肯認真耕作，每年收獲的糧食也就不多。儘管一家幾口努力**節衣縮食**、省吃儉用，還是**入不敷出**。

揮霍無度：無度，毫無限制。指任意地浪費金錢，毫無節制。

暴殄天物：暴、殄，糟蹋。天物，自然界的物資。指糟蹋物資，不懂得珍惜。

畢恭畢敬：形容極為恭敬。

九霄雲外：九霄，天空的最高處。比喻極高極遠的地方。在九重天的外面。形容遠得無影無蹤。

節衣縮食：節省衣服和飲食的花費。形容生活節儉。

入不敷出：敷，足夠。收入不夠應付支出。

有一年遇上大旱，老大、老二家中的糧食吃盡。他們氣憤地扯下字匾，將「勤」「儉」二字踏碎。這時候，有兩張紙條從破碎的匾額中掉出來，兄弟兩人拾起一看，上面寫道：「只勤不儉，好比端個沒底的碗，總是盛不滿！」「只儉不勤，**坐吃山空**，終究挨餓受凍！」

兩兄弟這時才醒悟，「勤」「儉」原來不能分開，必須**相輔相成**，缺一不可。吸取教訓後，他們將「勤儉持家」四個字貼在自家門上，提醒自己，也告誡妻室兒女。此後他們**身體力行**，實踐勤儉生活，日子過得美滿又安定。

成語自學角

坐吃山空：只消費而不從事生產，即使財產堆積如山，也會吃光用盡。

相輔相成：互相輔助、配合，以完成某種事物。

身體力行：身，親身。體，體驗。親身去體驗，努力去實行。

思考園地

你同意「勤儉」可以令生活更美滿和安定嗎？為甚麼？

試選出適當的成語填寫在橫線上。

成語			
揮霍無度	坐吃山空	萬貫家財	節衣縮食
入不敷出	挨餓受凍	暴殄天物	

社會貧富懸殊嚴重。有些人擁有(1) ____________，每餐都珍饈百味，剩下許多食物。這種(2) ____________、(3) ____________ 的生活方式，早晚會(4) ____________。另一邊，有些家庭收入不多，常常(5) ____________，日常生活只能(6) ____________，甚至要(7) ____________。

是誰的功勞

齊景公得了重病，臥牀十幾天了。有一晚，他夢見自己**單槍匹馬**與兩個太陽搏鬥，結果被打得**抱頭鼠竄**，驚醒後竟嚇出了一身冷汗。

隔天，齊景公告訴丞相晏子他昨天做的夢，**惴惴不安**地問：「這個夢是不是我**病入膏肓**的**不祥之兆**呢？」

晏子**思前想後**，說：「這樣**胡思亂想**也是**無補於事**，不如先召占夢人進宮解夢，再作打算。」齊景公於是委託晏子去辦這件事。

晏子出宮後，立即請來一位占夢人，將齊景公的夢及他的擔憂告訴對方，並請他進宮為景公解夢。

成語自學角

單槍匹馬：帶着一把長槍，騎着一匹馬，自己單身上陣。比喻單獨行動，沒有絲毫助力。

抱頭鼠竄：抱着頭，像老鼠般逃竄。形容逃跑時狼狽的樣子。

惴惴不安：惴惴，恐懼的樣子。因擔心害怕而感到恐懼不安。

病入膏肓：「膏肓」相傳是身體內藥力所不及的地方。後用來比喻人或事已到無可挽回的程度。

不祥之兆：不吉祥的徵兆。

思前想後：前前後後反覆思想，仔細盤算。

占夢人進宮後，告訴景公：「大王，您所患的病屬陰，而夢中的雙日屬陽。**寡不敵眾**，一陰不能戰勝二陽，所以這個夢正好說明大王的病就要痊癒了。」

齊景公聽後**喜不自勝**，不再**寢食難安**，加上**對症下藥**，不出數日病就好了。為此，景公決定重賞占夢人。

占夢人卻說：「其實這是晏子教我說的，我不能**無功受祿**。」

胡思亂想：不切實際地亂想。

無補於事：補，補救。對事情沒有任何的幫助。

寡不敵眾：人少的抵擋不了人多勢眾的。

喜不自勝：勝，忍受。高興得無法承受，指高興得不得了。

寢食難安：睡覺和飲食都不安心。形容心神極為不安，憂慮煩亂的樣子。

對症下藥：指針對病症開藥方。比喻針對問題，採取有效的處理。

無功受祿：祿，官吏的薪水。沒有功勞而得到報酬。

齊景公決定重賞晏子。晏子則說：「我的話只有由占夢人來講，才有效果；若是由我來說，大王一定不肯相信。所以，這件事應該是占夢人的功勞，我不能**掠人之美**。」

最後，齊景公同時重賞了晏子和占夢人，並且讚歎道：「晏子**功成不居**，占夢人不獨佔功勞，都是君子應該具備的良好品德。」

成語自學角

掠人之美：奪取別人的功勞、聲譽。

功成不居：事情完成後，不將功勞歸給自己。

你有認識的親友或名人等，曾做了好事卻不重視名譽利益嗎？他／她做了甚麼事？

試從這個故事所學的成語中，選擇最適當的填寫在橫線上。

1. 今天我第一次自己上學，興奮之餘，還是有點 ________________。

2. 目前你只是小咳嗽，但是若不儘早就醫 ________________，恐怕會引起嚴重的病。

3. 你沒趕上這班車，懊悔自己不早點出門也是 ________________，倒不如想想有沒有別的交通工具可以搭吧！

4. 即使考前準備得再周全，小華還是緊張得 ________________，導致精神不佳。

5. 毛毛今天不理睬我，我 ________________，仍想不透原因。

6. 吳校長落實了不少學校建設，卻全部歸功於各位老師的努力，真是一個 ________________ 的人啊！

7. 他對自己的身體毫不注意，病發時又延誤就醫，如今已 ________________，恐怕命不久矣。

8. 我是因為太累才不想說話，而不是生你的氣，你別 ________________ 了。

種瓜與毀瓜

魏國的大夫宋就被派到一個小縣擔任縣令，這個縣位於魏國和楚國的交界，盛產西瓜。雖然魏、楚兩國相鄰，可是村民種西瓜的方式和態度卻**迥然不同**。

魏國的村民刻苦耐勞，經常擔水澆瓜，所以西瓜長得快，又甜又多汁。楚國的村民**好逸惡勞**，不常給西瓜澆水，所以西瓜長得又慢又不好。

楚國縣令看到自家的瓜與魏國的瓜一比，**相形見絀**，便責怪村民沒有把瓜種好。但楚國村民沒有**反求諸己**，反而怨恨魏國人把瓜種得又大又香甜。於是，楚國村民想方設法破壞魏國村民的瓜田。每晚，楚國村民輪流到魏國的瓜田，**肆無忌憚**地踩瓜扯藤，令魏國的瓜損失慘重。

成語自學角

迥然不同：迥然，相差很大的樣子。指彼此不同，相差很大。

好逸惡勞：貪圖安逸，厭惡勞動。

相形見絀：絀，不足、短缺。比喻相互比較之下，其中一方顯得不如對方。

反求諸己：反過來自我省察。指從自己本身找出原因，自我反省。

肆無忌憚：肆，放肆。忌憚，顧忌害怕。形容任意妄為，毫無顧忌。

盡付東流：一切交給東流的水。比喻希望落空或前功盡棄。

魏國村民發現瓜田被破壞，心血**盡付東流**，個個**義憤填膺**，有人說要**興師問罪**，有人說要**以牙還牙**。一位年長的村民勸阻大家：「我們還是請示縣令來處理吧！」

宋就了解事情的來龍去脈後，勸導村民：「為甚麼要讓自己成為**鼠肚雞腸**的人呢？**沒完沒了**地鬧下去，只會造成惡性循環，結怨越來越深，甚至引起禍患。最好是**以德報怨**，每天去替楚國的西瓜澆水，而且要不聲不響，不讓那邊的村民知道。」

義憤填膺： 膺，胸。胸中充滿因正義而激起的憤怒。

興師問罪： 興師，出動軍隊。問罪，宣佈罪狀。指質問他人的過錯，嚴加譴責。

以牙還牙： 別人若用牙咬我，我也回咬他。比喻採取相同的方式來報復對方。

鼠肚雞腸： 比喻心胸狹窄，只考慮小事，不顧大局。

沒完沒了： 沒有終結的時候。

以德報怨： 表示不記恨，反而以恩德回報對方。

從此以後，楚國的西瓜越長越好。楚國村民發現自己的瓜田像是每天都有人來澆水，暗中觀察後才知道是魏國村民做的，楚國村民大受感動。

楚國縣令對宋就**心折首肯**，並向楚王報告此事。楚王很受感動，也深感慚愧，於是準備了許多黃金送給魏王，與魏國**重修舊好**。邊境兩國的村民更是親如一家，兩國種的西瓜同樣又大又甜。

成語自學角

心折首肯：心裏佩服、讚許。

重修舊好：恢復以往的情誼。

試運用提供的字詞造句。

1. 田徑比賽 / 扭傷腳 / 盡付東流

____

____

____

2. 好朋友 / 反目成仇 / 重修舊好

____

____

____

3. 考試 / 沒完沒了 / 惡夢

____

____

____

最後一桶水

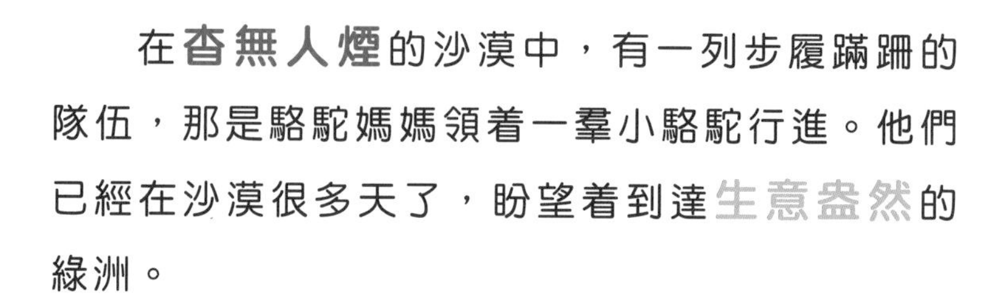

在**杳無人煙**的沙漠中，有一列步履蹣跚的隊伍，那是駱駝媽媽領着一羣小駱駝行進。他們已經在沙漠很多天了，盼望着到達**生意盎然**的綠洲。

火辣辣的豔陽把沙子曬得滾燙，駱駝因許久沒喝水而口乾舌燥，快要支撐不住。駱駝媽媽從背上解下一個水桶，對大家說：「這是**碩果僅存**的一桶水，我們要**咬緊牙關**，撐到最後關頭才能喝，否則大家都會死掉！」

於是駱駝倚靠着「還有最後一桶水」的信念，繼續艱難地**長途跋涉**。看着沉甸甸的水桶，每隻駱駝心中始終懷着希望。

成語自學角

杳無人煙：僻遠無人居住。指荒涼無人居住。

生意盎然：充滿生機，生命力旺盛的樣子。

碩果僅存：樹上僅剩下的大果實。比喻唯一存留下來的人或事物。

咬緊牙關：牙齒緊閉。比喻忍受痛苦而堅持到底。用來形容意志堅定。

長途跋涉：長距離的翻山渡水。形容路程長遠，行走艱辛。

但天氣真的太炎熱了，有的駱駝實在**招架不住**。「媽媽，讓我喝口水吧！」一隻奄奄一息的小駱駝苦苦哀求。

「不行，你還可以堅持下去。」一向慈愛的駱駝媽媽變得**鐵石心腸**，一口回絕那隻想喝水的小駱駝。

一個黃昏，大家都**欲振乏力**，認為真的到了**窮途末路**。小駱駝突然發現他們的媽媽不知去向，只剩那個水桶立在前方，沙上有幾行字：我不行了，你們帶着這桶水繼續走吧！要記住，在走出沙漠前，誰也不能喝這桶水。

招架不住：無法抵擋或沒有力氣再支撐下去。

奄奄一息：奄奄，氣息微弱。只剩下微弱的一口氣。形容生命到最後的時刻。

苦苦哀求：再三地懇求。

鐵石心腸：心腸像鐵和石頭般堅硬。形容性格剛強，不為感情所動。

欲振乏力：想要振作，卻沒有力氣。

窮途末路：走到路的盡頭，已無路可走。比喻陷入絕境，或處於極為窮困的境地。

不知去向：不知去哪裏了。

駱駝媽媽為了大家能存活，把僅有的一桶水留了下來，每隻小駱駝悲痛欲絕。那個沉甸甸的水桶在駱駝背上輪流傳遞着，但誰也不捨得打開喝一口，因為他們明白這是駱駝媽媽用自己的生命換來的。

終於，小駱駝一步一步掙脫了死亡線，頑強地穿越了茫茫沙漠。當他們為能夠活下來喜極而泣的時候，突然想到駱駝媽媽留下的那桶水。

他們打開桶蓋一看，裏面盛着的竟然是沙子。

成語自學角

悲痛欲絕： 傷心哀痛到了極點。

喜極而泣： 高興到了極點，情緒激動得落下淚來。

碰上難關時，有哪些人或事物可以成為你堅持下去的動力？例如親人、朋友、夢想……

試從這個故事所學的成語中，選擇最適當的填寫在橫線上。

1. 為了要跑得比別人快，訓練再苦我也會 ________________ 撐下去。

2. 禁不住樂樂的 ____________________，我還是把相機借給他了。

3. 青青犀利的言辭讓小健 __________________，一句話也無法反駁。

4. 小寶着迷地看着櫥窗裏的玩具，再抬頭，媽媽已經 ______________ __________ 了。

5. 這裏交通不方便，買瓶醬油都要 ______________________ 到小鎮。

6. 養了十年的貓過世了，望着空蕩蕩的貓咪小窩，姐姐 ____________ ________。

7. 當初種下的盆栽，只剩這一盆紫羅蘭是 ____________________ 的，要好好照顧才行。

8. 車禍後昏迷了十多天，阿勇終於清醒，他的媽媽 ______________________。

一條新長褲

一位先生收到小學同學會的邀請函。他想，這些同學三十年來**各奔前程**，如今能聚首一堂，真是**難能可貴**，所以他打算買一條新長褲出席聚會。新長褲買回家後，他發現褲管長了十公分。可是明天就要穿了，他便拿去請母親幫忙修改。

他的母親說：「我今天忙得**不可開交**，現在**精疲力竭**，想早點休息，所以沒辦法幫你改了。」

他拿去找太太。**無獨有偶**，太太說：「家務還沒做完，而且兒子明天要考試，也得幫他溫習功課，今天實在**分身乏術**啊！」

成語自學角

各奔前程：各走各的路。比喻各人按不同的志向，尋找自己的前途，各自發展。

難能可貴：難能，不容易做到。指做到了不容易做到的事，所以特別可貴。

不可開交：開交，了結。指無法擺脫或結束。

精疲力竭：精神疲乏，力氣用盡。形容非常疲累。

無獨有偶：指某種少見的人、事、物，偏有類同者出現恰巧湊成一對的情況。或指兩項事物恰巧相同或類似。

分身乏術：比喻非常繁忙，無法再兼顧他事。

正當他發愁時，他想到**心靈手巧**的女兒上過家政課，應該會修改衣服，於是去找女兒幫忙。可是女兒說今晚要跟同學去看電影，所以沒時間幫他改。

碰巧家人都沒空修改褲子，他決定明天穿着舊褲子去參加同學聚會。

晚上，他的媽媽在牀上**輾轉反側**，心裏想：我兒子平時貼心又孝順，他要求這麼一件**芝麻小事**，總不好讓他失望。於是起來替兒子修改長褲，剪短了十公分。

十一點多，他的太太好不容易做完家務，她心裏想：「老公平時努力**養家活口**，**任勞任怨**，對我又**體貼入微**，明天

心靈手巧：心思聰敏而手藝精巧。

輾轉反側：因心中有事，而翻來覆去睡不着覺。

芝麻小事：像芝麻般細微而不值得計較的事情。

養家活口：維持家庭的生計，養活家人。

任勞任怨：形容人做事負責，不怕勞苦，也不會埋怨。

體貼入微：體會、思量達到細微的程度。形容對人的關懷與照顧，十分細緻周到。

難得要參加同學會，還是穿新褲子比較好。」於是趕忙替丈夫修改長褲，剪短了十公分。

女兒回來，臨睡前在想：爸爸這麼疼我，**無微不至**照顧我，他這個小小要求我都不去做，真是太說不過去了！於是拿出工具，仔細地修改，剪短了十公分。

一大早，家裏三個女人分別告訴他褲子改好了。不用試穿，想也知道那條長褲變成了五分褲。三個女人**相視而笑**，而男主人**忍俊不禁**，開心地說：「我一定要穿這條褲子去參加同學會，讓大家知道我有多好的母親、太太和女兒！」

成語自學角

無微不至：沒有一處小地方沒照顧、考慮到。形容非常精細周到。

相視而笑：互相看着對方而發出會心的一笑。

忍俊不禁：忍俊，忍笑。無法控制自己，忍不住的笑。

你和家人之間有甚麼趣事發生？事情是怎樣的？

試從這個故事所學的成語中，選擇最適當的填寫在橫線上。

1. 阿福總是 ＿＿＿＿＿＿＿＿ 地工作，所以上司非常放心把事情交給他。

2. 因為跟最要好的朋友吵架，美美難過得 ＿＿＿＿＿＿＿＿，無法入睡。

3. 爸爸、媽媽整天在外辛苦奔波，為的就是 ＿＿＿＿＿＿＿＿，讓子女不愁吃穿。

4. 看到弟弟賣力地說笑話，正在氣頭上的媽媽也 ＿＿＿＿＿＿＿＿，消了氣。

5. 弟弟妹妹整天為了 ＿＿＿＿＿＿＿＿ 吵架，惹得媽媽心煩。

6. 我和小英從幼稚園開始就是好朋友，這份友情真是 ＿＿＿＿＿＿＿＿ 啊！

7. 經過媽媽 ＿＿＿＿＿＿＿＿ 的照顧，我的感冒終於好了。

8. 外婆雖然年老，卻 ＿＿＿＿＿＿＿＿，能編織美麗的圍巾和毛衣。

享受生活

黃昏下的海灘，有一位白髮蒼蒼，衣着樸素的老人，每天坐在固定的一塊礁石上垂釣。無論運氣好壞，釣多釣少，兩小時的時間一到，老人就會收起釣具準時踏上歸途。

有一個年輕人對老人古怪的行為感到**匪夷所思**。他問老人：「當你遇到好運氣的時候，為甚麼不**一鼓作氣**釣上一天？這樣就可以**滿載而歸**了！」

「釣那麼多魚要做甚麼？」老人淡淡地反問。

「賣錢呀！」年輕人覺得老人傻裏傻氣的。

「賣了錢用來做甚麼？」老人仍淡淡地問。

「你可以買一張網，捕更多的魚；賺更多的錢。」年輕人**躊躇滿志**地說。

成語自學角

匪夷所思： 事情奇怪，不是一般人所能想像得到的。

一鼓作氣： 作戰時的第一次擊鼓，最能振奮士兵的士氣。比喻做事趁氣勢旺盛時去做，才容易成功。

滿載而歸： 裝載得滿滿的回來。比喻收穫很豐富。

躊躇滿志： 躊躇，從容自得的樣子。滿，滿足。志，志願。形容自得的樣子。

無關痛癢： 不會痛也不會癢。比喻與本身利害無關或無足輕重。

「賺那麼多錢要做甚麼？」老人一副**無關痛癢**的樣子。

「買條漁船，**乘風破浪**出海去，捕更多的魚，再賺更多的錢。」年輕人認為有必要給老人訂個能**大展鴻圖**的規劃。

「賺了錢再做甚麼？」老人仍顯出**滿不在乎**的樣子。

「組船隊，賺更多的錢。」年輕人暗笑老人**目光如豆**。

「然後呢？」老人已經準備收竿了。

「開一家遠洋公司，捕魚運貨，**浩浩蕩蕩**地出入世界各大港口，賺更多更多的錢。」年輕人**眉飛色舞**地描述着。

乘風破浪：指順着風，破浪前進。也比喻人的志向遠大，排除困難，勇敢前進。

大展鴻圖：充分發展宏大的事業與計劃。

滿不在乎：完全不放在心上，不當一回事。

目光如豆：目光像豆子那麼小。形容人目光短淺，見識狹小。

浩浩蕩蕩：形容氣勢雄壯，規模浩大的樣子；或形容水勢盛大的樣子。

眉飛色舞：形容喜悅得意的神情。

「賺了更多更多的錢又要做甚麼？」老人的口吻帶着嘲諷意味。

年輕人被老人激得**怫然作色**，他喊着：「當然是為了享受生活啊！」

老人**啞然失笑**：「我每天釣兩小時的魚，其餘時間嘛！我看朝霞賞落日，種種花草蔬菜，會會親朋好友，如此的**優哉遊哉**，我已經在享受生活了呀！」說間，已打點好行裝，**怡然自得**地離去了。

成語自學角

怫然作色：怫然，憤怒的樣子。形容臉上出現憤怒之色。

啞然失笑：失笑，忍不住地笑起來。指禁不住笑出聲來。

優哉遊哉：指生活悠閒自在。

怡然自得：怡然，安適愉快的樣子。喜悅而滿足狀。

你嚮往的生活是怎樣的？為甚麼你喜歡這種生活方式？

試從這個故事所學的成語中，選擇最適當的填寫在橫線上。

1. 雖然夜深了，但作業也只剩幾題，就 ________________ 寫完吧！

2. 這是我第一次坐船，我特地站在船頭享受 ________________ 的快感，真是過癮！

3. 那些人 ________________，才會為了芝麻小事而爭吵不休。

4. 集合完畢後，師生們就 ________________ 地出發，前往秋季旅行的目的地。

5. 明天就要考試，小宏還 ________________ 地去打棒球。

6. 對於家俊的一再嘲笑與指責，小花 ________________，大吼起來。

7. 妹妹一說起她參加夏令營的種種，就 ________________，非常開心。

8. 我們去果園採收水果，最後 ________________，帶回一大籃芒果。

從前有兩個**身無長物**的年輕人到大城市白手起家，他們經過多年艱苦奮鬥，終於成就了一番事業，賺了很多錢。到了白髮蒼蒼的年紀，他們決定回鄉安享晚年。

回家的路上，他們遇到一位拿着銅鑼、一副**仙風道骨**的老人。老人告訴他們：「我是幫人敲最後一聲銅鑼的人。你們**命中注定**只剩下三天壽命，第三天的黃昏，我會拿着銅鑼去找你們，當你們聽到銅鑼響起，生命就會結束。」

兩個人聽了之後**晴天霹靂**、**面如死灰**，沒想到奮鬥了大半生，如今只剩下三天可活！

成語自學角

身無長物：長物，多餘的物品。指身邊沒有任何多餘的物品。比喻節儉或貧困。

仙風道骨：神仙的飄逸風度和修道者的清高風骨。形容人的氣質超塵絕俗。

命中注定：一生的禍福，命中早已有定數，難以改變。

晴天霹靂：霹靂，響雷。晴天打響雷。比喻突然發生令人震驚的事或災禍。

面如死灰：臉色慘白，有如灰燼。形容驚恐到了極點。

之後，第一個有錢人終日**悽悽惶惶**，**食不下咽**，腦海想的是：我真是苦命啊！竟然只剩三天可活。三天以來，他每天坐着**長吁短歎**，一遍遍地數着自己的財產，感歎無福消受。第三天的黃昏，老人來到他的家門前，「鏘」的一聲銅鑼響起。有錢人聽到後，應聲而倒，**一命嗚呼**。

第二個有錢人則想：既然只剩三天可活，就把財產都拿出來造福鄉里吧！於是他造橋鋪路、**扶危濟困**，因為時間有

悽悽惶惶：恐懼悲痛而不安無依的樣子。

食不下咽：吃不下食物。形容太過悲傷、憂愁或煩惱。

長吁短歎：吁，歎息。長一聲、短一聲不停地歎息着。形容非常煩悶、憂愁。

一命嗚呼：嗚呼，悲哀的感歎詞。指生命結束。

扶危濟困：扶，幫助。濟，救濟。扶助有危難的人，救濟困苦。

限，所以他**緊鑼密鼓**地處理這些事，忙得不可開交，連三天後的銅鑼聲也**置之腦後**。

鄉里為了感謝他**樂善好施**，於是合力請了鑼鼓陣、舞龍舞獅來他家表演。這天剛好是第三天，老人依約在黃昏時候來敲銅鑼，但因為他家**人聲鼎沸**，實在太吵鬧了，敲了好幾聲都沒人聽到，最後老人只好走了。幾天後，有錢人才想起這件事，還納悶着老人怎麼沒有來呢！

成語自學角

緊鑼密鼓：戲開場前鑼鼓敲得緊密。比喻正式或公開活動前的緊張準備。也比喻為配合某事的推行而製造的氣氛、聲勢。

置之腦後：不注意，不放在心上。

樂善好施：樂於做善事，喜歡施捨、救助他人。

人聲鼎沸：鼎，古代煮食器。沸，沸騰。人羣發出的聲音像水在鍋裏沸騰一樣。形容人聲嘈雜喧鬧。

思考園地

你有感到絕望的時候嗎？憑着積極樂觀的態度，或許可以扭轉逆境，創造奇跡呢！

試從這個故事所學的成語中，選擇最適當的填寫在橫線上。

1. 我家鄰近菜市場，每天早上都可以聽見窗外 ____________。

2. 突然，一隻大老鼠從天而降，把餐廳的客人嚇得 ____________ ____________。

3. 爸爸任職的公司突然倒閉，這消息對我家來說真是 ____________ ____________。

4. 他是個 ____________ 的人，常常免費派發食物和生活用品給貧窮人士。

5. 媽媽叫爸爸回家時順道買些水果，但看爸爸兩手空空的，顯然是把媽媽的吩咐 ____________。

6. 運動會即將到來，全校學生都 ____________ 地練習比賽項目。

7. 開學前一天，倩兒看着一堆暑期作業 ____________，不禁後悔自己太貪玩。

8. 今晚媽媽準備了一桌的美食，我卻因為牙痛而 ____________。

賺小費

這天晴空萬里，在一個髒亂的火車站候車室裏，一個衣着樸實的老先生**神安氣定**地坐着等車。等到火車開進站，老先生便**不疾不徐**地站起來準備上車。

一個**花枝招展**的太太匆匆忙忙地走進候車室，也要趕搭這班車。她提着大包小包的行李，累得**氣喘吁吁**、**揮汗如雨**。

她看到老先生，以為他是個幹苦力的人，便對他大喊：「喂！老先生，幫我提箱子吧！我會給你小費！」

雖然老先生看起來**老當益壯**，但這些行李對一位老人而言，也是個不小的負擔。但他**一言不發**就提起幾個行李箱，朝剪票站走去。

成語自學角

神安氣定：神情安適，內心平靜。

不疾不徐：不太快也不太慢。形容能從容掌握事情的節奏。

花枝招展：比喻女子打扮美麗、婀娜多姿的樣子。後亦形容花木的枝葉隨風搖擺，景致美好。

氣喘吁吁：吁吁，喘氣聲。形容呼吸急促，大聲喘氣的樣子。

揮汗如雨：形容汗水流下來得很多。

老當益壯：年紀雖大，但身體仍然健壯，而且志氣更加豪壯。

火車緩緩地啟動。那位太太抹抹汗，鬆了一口氣，對老先生說：「多虧有你，不然我大概上不了車！」說着，掏出了一美元給老先生。

老先生微微笑着，伸手接過。這時，列車長走了過來，**彬彬有禮**地對老先生說：「您好，洛克菲勒先生，歡迎搭乘本列車，有甚麼需要我效勞的地方，我都非常樂意。」

「謝謝，不用了，我現在正要回紐約。」老先生客氣地回答。

「甚麼？洛克菲勒？」那位太太訝異地呼叫了起來。

「天啊！我竟然使喚**大名鼎鼎**的石油大王洛克菲勒先生幫我提行李，還**自高自大**，給了他一美元小費！」她**誠惶誠恐**地向洛克菲勒道歉。

一言不發：一句話也不說。

彬彬有禮：彬彬，原意為文質兼備的樣子，後形容文雅。形容文雅有禮貌的樣子。

大名鼎鼎：鼎鼎，盛大的樣子。形容人的名氣很大。

自高自大：自以為了不起，看不起別人。

誠惶誠恐：誠，的確。惶，害怕。恐，畏懼。非常小心謹慎以致達到害怕不安的程度。

洛克菲勒不以為意，微笑着說：「你不必向我道歉啊！這一美元是我賺的小費，所以我收下了。」說完，洛克菲勒把那一美元鄭重其事地放進了他的口袋裏。

這位樸素的富豪，謙虛地為不認識的人提行李，賺了一美元。事實上，很多巨商也是從小商人做起，他們一有機會就抓住商機，以自身的勤奮而成為富翁。現在，有些人總想着賺大錢、賺快錢，卻忽視了財富需要日積月累。

成語自學角

不以為意：不注意、不在乎。

鄭重其事：處理事物的態度嚴肅認真。

日積月累：逐日、逐月的長時間累積。比喻歷時遠久。

思考園地

你認為洛克菲勒先生為甚麼會收下那位太太的一美元小費？

試從這個故事所學的成語中，選擇最適當的填寫在橫線上。

1. 爺爺 ____________________，都七十歲了，還能參加馬拉松比賽。

2. 軒軒不小心撞倒一位拄拐杖的老先生，在扶起老先生的同時，軒軒滿臉愧疚，____________________ 地向他道歉。

3. 為了趕上尾班火車，大家一路狂奔，到達車站時，都 ____________________，說不出話來。

4. 金庸先生是 ____________________ 的武俠小說作家，他的很多作品都拍成了電視劇，例如《神鵰俠侶》、《射鵰英雄傳》等。

5. 建築工人在炎熱天氣下辛勞工作，弄得 ____________________，連衣服都濕透了。

6. 安安為人熱心，待人 ____________________，所以大家都喜歡和他做朋友。

7. 最初在大樹上發現幾隻蜜蜂，大家都 ____________________，一個月後樹枝上竟然多了一個蜂窩！

8. 只要每天學一個英文單詞，____________________ 就會懂得許多詞語。

小物立大功

晉朝時，有一位大將軍名叫陶侃。他是一個很有智慧的人，不只在軍事上有傑出成就，為人處事也是**獨具慧眼**、認真仔細，就算是**細枝末節**也考慮得很周詳。

有一次陶侃奉命督造大船，**事必躬親**的他，每天都會親自去監督。他看到工人在刨木頭時剩下很多木屑，又看到截短的竹頭扔在地上，便命令手下把木屑和竹頭收集起來，放進儲藏室。雖然大家對將軍的用意**百思不解**，但始終沒有人敢問。

第二年新春，府衙舉行慶祝宴會。年尾下了一場大雪，雪積得很高，雖然接連幾天**風和日麗**，但是積雪還是無法完全融化。地上積水混合

成語自學角

獨具慧眼：具有特殊的眼光或見解。

細枝末節：事情細微或無關緊要的部分。

事必躬親：凡事一定自己親自去做。形容辦事認真不懈怠。

百思不解：經過反覆思考，仍然無法了解。

風和日麗：微風和煦、陽光明麗。形容天氣晴朗美好。

泥土，變成又濕又滑又髒的泥濘，**寸步難行**。陶侃看了，便叫人把先前收藏起來的木屑拿出來鋪在地上，木屑吸收了積水，問題馬上**迎刃而解**。

過一陣子，桓溫將軍奉命攻打蜀地，因為要走水路，便趕着造戰船。但是船板鋸好要組裝時，才發現竹釘不夠用（因為當時沒有鐵釘，都是把竹子削成釘子的大小來使用），進度被迫擱下。可是**軍令如山**，要是**臨期失誤**，後果**不堪設想**。眼看出兵在即，負責的軍備人員**坐困愁城**，急得不知所

寸步難行：一步也行走不得。比喻行走困難，或處境艱難。

迎刃而解：劈竹子時，上頭的竹節一破開，下面的就會順着刀口自行裂開。比喻事情處理起來很容易順利。

軍令如山：軍事命令森嚴穩固，如山一般不可動搖。

臨期失誤：到了約定的時間，卻耽誤失約。

不堪設想：無法預想。形容事情的發展可能會壞到極點。

坐困愁城：被愁苦所包圍。形容極度憂愁，卻苦無對策。

措。陶侃知道了，便叫人把收藏的竹頭送去給桓溫，削成細細的竹釘，把船一艘艘組裝起來。

雖然木屑、竹頭都是廢棄的材料，但是陶侃卻有**先見之明**，使這些東西**物盡其用**，可見陶侃惜物、愛物的智慧。後來「**竹頭木屑**」就用來比喻細微而有用的事物了。

成語自學角

先見之明：事先預見事物發展和結果的判斷力。

物盡其用：使物力產生最大的功效。指充分利用物資，一點也不浪費。

竹頭木屑：比喻細小而有用的事物。

試向家人或朋友分享一個「物盡其用」的方法。

試從這個故事所學的成語中，選擇最適當的填寫在橫線上。

1. 這個公式是這類數學題的關鍵，只要熟記起來運用，其他相關的數學題也都能 ____________________。

2. 還好你有 ____________________，先買了三文治當午餐，否則現在只能餓肚子了。

3. 颱風帶來強風暴雨，讓人 ____________________，還是待在家裏最安全。

4. 李伯伯勤儉持家，所有東西都做到 ____________________，毫不浪費。

5. 車子要定期保養檢查，否則一旦失靈，後果 ____________________。

6. 他在服裝的搭配上 ____________________，穿在他身上的衣服很能表現出個人風格。

7. 他放假只顧着玩，眼看明天要上學了，才一副 ____________________ 的樣子，望着一堆作業歎氣。

8. 今天 ____________________，是個出門踏青的好天氣。

審問竹篩

安史明是一個機智聰明的人。某天，他看到兩個人拉着一個竹篩**你爭我奪**，四周**觀者如堵**，於是他也上前觀看。

一個長得**虎背熊腰**的男子，對着一個年老的婦女說：「吳媽，這個竹篩我買了好多天，我都用它來篩麪粉，你別**空口無憑**就想據為己有！」

吳媽緊拉着竹篩的另一端不放，**不甘示弱**地回嘴：「**天地良心**啊！這個竹篩我用很久了！我是三天前放在廣場曬碎米才弄丟的，歐大爺，你快還給我吧！」

歐大爺哼了一聲，說：「你看清楚，這竹篩上有一層麪粉，這都是上好的麪粉，你家能拿得出來嗎？」

成語自學角

你爭我奪：互相爭奪。

觀者如堵：堵，牆壁。觀看的人很多，像圍牆一樣。

虎背熊腰：像虎一樣寬厚的背，像熊一樣粗壯的腰。形容人的體格魁梧結實。

空口無憑：說話沒有憑證。

不甘示弱：不願自己的表現比別人差。

天地良心：問心無愧，正大光明。

安史明了解事情始末後，對**相持不下**的雙方說：「兩位少安勿躁！這樣吧，我們直接審問竹篩好了。」

安史明借來一塊布，墊在竹篩下面，又借了一根擀麵棍，只見他口中**唸唸有詞**：「小小竹篩竟然敢**興風作浪**，讓歐大爺和吳媽為了你幾乎要**大打出手**，你再不從實招來，就是**自討苦吃**！」說着就一陣「乒乒乓乓」地敲打着竹篩。

一會兒，安史明停了下來，**煞有介事**地側耳聽了片刻，點頭說：「很好，願意招認，就不打你了。嗯……主人是吳媽，是吧？」安史明起身對吳媽說：「你是竹篩的主人，你可以領回去了。」

相持不下：雙方堅決對立，誰也不肯讓步。

唸唸有詞：唸唸，連續不斷地唸叨。指人不停地自言自語。

興風作浪：颳起大風，掀起大浪。比喻挑撥是非，引發事端。

大打出手：兇狠地動手打人，或相互毆打。

自討苦吃：自己找麻煩、惹災禍。

煞有介事：裝模作樣，好像真有這回事似的。

歐大爺氣得**七竅生煙**，說：「這個篩子我買回來天天篩麪粉，從沒離開過我，怎麼會是吳媽的？」

安史明說：「你這篩子只用來篩麪粉，從不篩別的東西？」

「是啊！」歐大爺斬釘截鐵地回答。

「那麼，敲打篩子時，從篩子上掉到布上的碎米屑，你要如何**自圓其說**呢？所以竹篩是誰的不是**昭然若揭**嗎？」

成語自學角

七竅生煙：七竅，指兩眼、兩耳、兩鼻孔及口七孔。指眼耳鼻口都冒出火來，形容焦急或氣憤到了極點。

自圓其說：自行解釋自己牽強矛盾的說法、使無破綻。

昭然若揭：如同高舉着日月般地明白清楚。形容含義或真相非常清楚，顯而易見。

你能想到查出篩子主人的其他方法嗎？

試運用提供的詞語造句，把答案寫在橫線上。

1. 你爭我奪／玩具

____

____

2. 觀者如堵／街頭藝人

____

____

3. 空口無憑／偷腳踏車

____

____

葬馬的方法

楚莊王很寵愛他的座騎，不但捨不得騎乘牠，還把牠養在**金碧輝煌**的宮殿裏，披上華麗的絲綢，睡清涼的席子，吃甜美的棗肉。這匹馬**養尊處優**，吃到**腦滿腸肥**，結果因為太肥而生病死了。

楚莊王傷心極了，命令全體大臣要向馬致哀，並且打算以士大夫之禮來厚葬牠。大臣覺得很不妥當，紛紛進諫勸阻他，楚莊王不但**充耳不聞**，反而**三令五申**：「誰敢勸阻，一律死罪！」

宮廷樂人優孟知道這件事後，闖進宮裏，在楚莊王面前放聲大哭。楚莊王吃驚地問他為甚麼哭，優孟**聲淚俱下**地回答：「這是大王最心愛的

成語自學角

金碧輝煌：裝飾或建築物華麗燦爛，光彩奪目。

養尊處優：地位尊貴，生活優裕。

腦滿腸肥：頭部豐滿，肚腹肥胖。也形容人只知吃喝享樂，不做任何事。

充耳不聞：裝作沒有聽見，就像塞住耳朵一樣。也可以形容不聽取別人的建議。

三令五申：令，命令。申，表達、說明。再三地命令和告誡。

馬，以楚國這樣的泱泱大國，只用士大夫的葬禮來埋葬牠，真是太不像話了！」

楚莊王興致勃勃地問：「那你認為要怎麼做呢？」

優孟正經八百地回答：「我認為應該要用君王之禮來厚葬牠。用白玉做棺木，紅木做外槨。調遣軍隊來挖墳，全城百姓來挑土。出殯那一天，要齊、趙兩國的使者在前面敲鑼開道；韓、魏兩國的使者在後面護衛。您要賜給馬兒一塊土地，興建一座祠堂，千秋萬世供奉牠的牌位，並用牛羊祭拜牠，才顯得體面。這樣普天之下的人才會知道，大王把人看得很輕賤；把馬看得很貴重。」

聲淚俱下：邊說邊哭。形容極為悲傷沉痛。

泱泱大國：稱讚國力強大的國家，懷有寬大的氣度與良好的風範。

興致勃勃：勃勃，旺盛的樣子。形容興趣濃厚的樣子。

正經八百：形容極為嚴肅認真。

千秋萬世：秋，年。千年萬年。形容年代的長久。

普天之下：全天下。

楚莊王聽了猶如芒刺在背，知道優孟意在言外，故意在諷刺自己，問道：「我真的大錯特錯嗎？那麼你覺得要怎麼做才好呢？」

優孟說：「既然馬是牲畜，就用六畜的葬法來埋葬好了，以免受天下人嘲笑。」楚莊王於是接受優孟的建議。

成語自學角

芒刺在背：像細刺扎在背上一樣。比喻因畏忌而極度不安。

意在言外：真正想表達的意思，在言語之外。指不把真意明顯地說出來，而要讓聽者自己去領略。

大錯特錯：形容所犯的錯非常嚴重。

為甚麼孟優要用特別的方法向楚莊王進諫？

試從這個故事所學的成語中，選擇最適當的填寫在橫線上。

1. 姐姐正值叛逆期，對於爸媽說的話經常愛理不理，不然就是 ________________________。

2. 他 ____________ 地說起被人欺騙的經過，令人十分同情。

3. 學校 ____________，告誡同學不要攜帶食物和飲品進入特別室。

4. 第一次上台比賽，看到台下那麼多人盯着我看，使我猶如________________________，結果出錯連連。

5. 他家境富裕，從小 ____________，認為事事由別人準備好是理所當然的。

6. 爸爸一向含蓄，不擅表達情感，連對我的鼓勵都是________________________。

7. 阿輝看我不開心要逗我笑，我卻以為他要捉弄我，而狠狠罵了他一頓，我真是 ____________ 啊！

8. 阿月姐總是 ____________，看起來很難親近，其實她私底下是很風趣的。

機智晏嬰

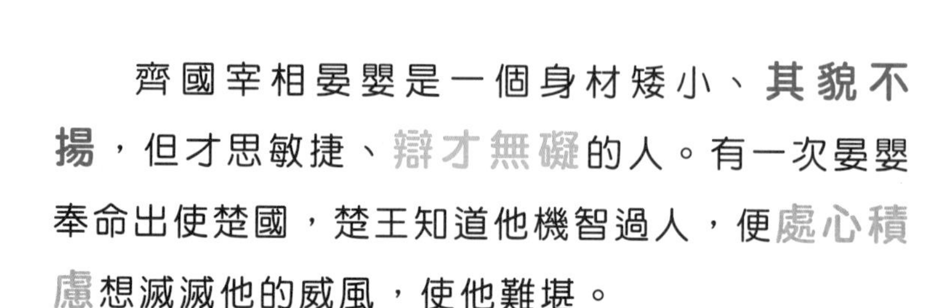

齊國宰相晏嬰是一個身材矮小、**其貌不揚**，但才思敏捷、**辯才無礙**的人。有一次晏嬰奉命出使楚國，楚王知道他機智過人，便**處心積慮**想滅滅他的威風，使他難堪。

晏嬰千里迢迢來到楚國首都，車子在城門口停下，大門卻沒有開啟，只在旁邊留了一個很小的洞，想讓晏嬰從小洞鑽進去。晏嬰一看，便知道楚王**不懷好意**，存心要羞辱自己。他**不動聲色**，故作驚訝地大聲說：「哎呀！我是來到狗國了嗎？不然這城怎麼會只有狗門而沒有城門呢？」

楚國負責接待的官員知道**自討沒趣**，只能尷尬地領晏嬰從大門進入。

成語自學角

其貌不揚：不揚，不好看。形容人相貌平常或醜陋。

辯才無礙：口才很好，言辭流利，善辯論。

處心積慮：千方百慮，蓄意已久。

不懷好意：心中不存善念。

不動聲色：遇到事情時，說話和表情仍沒有甚麼變化。形容態度冷靜。

自討沒趣：因為言行不得當，而招致難堪、困窘的情況。

第一關反而長他人志氣，滅自己威風，令楚王很不悅。楚王無禮地打量着晏嬰，用**不可一世**的態度，語帶譏諷地對晏嬰說：「貴國沒有人了嗎？怎麼會派你這樣的人出使我國呢？」

楚王**出言不遜**，晏嬰只微微一笑，**不卑不亢**地說：「怎麼會沒有人呢？我們齊國光是都城臨淄，就有成千成百條的街道，幾萬戶人家，每個人張開衣袖就能遮住太陽；揮把汗水就像下雨，街上的行人**摩肩接踵**，怎麼會沒有人呢？」

楚王繼續**冷嘲熱諷**：「哦？齊國既然**人才濟濟**，怎麼會隨便派一個像你這樣的人來呢？」

不可一世：可，讚許、稱是。指人驕橫自大，目空一切，以為他人無與倫比。

出言不遜：遜，謙順。形容人說話傲慢無禮。

不卑不亢：形容態度得體恰當，不傲慢也不卑屈。

摩肩接踵：踵，腳跟。肩碰肩，腳碰腳。形容人數眾多，十分擁擠。

冷嘲熱諷：尖酸刻薄的嘲笑與諷刺。

人才濟濟：濟濟，眾多。形容人才很多的意思。

晏嬰仍是微笑，說：「我們齊國在派遣外交使臣時，有個規矩：精明賢能的使臣就派他到精明賢能的國家去；**碌碌庸才**就派他去見無能的君王。而我在齊國是最無能的，所以就被派到楚國這裏來見大王了。」

晏子一番話說得楚王**理屈詞窮**，只能**啞口無言**。

成語自學角

碌碌庸才：才能平庸的人。

理屈詞窮：因為理虧而被反駁得說不出話來。

啞口無言：遭人質問或駁斥時沉默不語或無言以對。

試從這個故事所學的成語中，選擇最適當的填寫在橫線上。

1. 他因學業成績優異，處處表現出 ＿＿＿＿＿＿＿＿＿＿ 的態度，令人反感。

2. 他不管對着誰，總是 ＿＿＿＿＿＿＿＿＿＿，說話無禮，真的很難溝通。

3. 小方在辯論比賽中提出好幾個強而有力的論點，讓對手一時 ＿＿＿＿＿＿＿＿＿＿。

4. 美術館展出米勒的畫展，參觀的人 ＿＿＿＿＿＿＿＿＿＿，真是盛況空前。

5. 我們班 ＿＿＿＿＿＿＿＿＿＿，不乏擅長樂器、跳舞、朗誦等才華的同學。

6. 陳小姐突然發現有人尾隨跟蹤她，當下 ＿＿＿＿＿＿＿＿＿＿ 地改往警察局的方向走去。

7. 當別人發生失誤時，小華不但不幫忙，反而落井下石，對人 ＿＿＿＿＿＿＿＿＿＿。

8. 靜文學業成績名列前茅，待人 ＿＿＿＿＿＿＿＿＿＿，所以得到老師和同學的稱讚。

春秋時代，晉靈公為了個人享樂，不惜**勞民傷財**，堅持要建造一座富麗堂皇的九層高臺。由於建了三年還沒建好，整個國家**民窮財盡**，但晉靈公始終**執迷不悟**。他怕大臣前來勸諫，於是下令：「阻擋者一律處死！」大臣雖然對國事**憂心忡忡**，卻無人敢**犯顏苦諫**。

大臣荀息為了挽救**岌岌可危**的國家，不顧自身安危前來求見。晉靈公認為荀息一定是來勸諫的，就預先命令衛士拈弓搭箭，只要荀息開口規勸，便立即射死他。

荀息拜見靈公後，裝作**若無其事**，一臉輕鬆地說：「大王，我今天不談國事，只是來表演一個小絕技給您看。」

成語自學角

勞民傷財：既使人勞苦，又浪費錢財。

民窮財盡：人民生活困苦貧窮。

執迷不悟：堅持錯誤而不醒悟。

憂心忡忡：憂慮不安的樣子。

犯顏苦諫：敢於冒犯長輩或上級的威嚴，而極力規勸。

岌岌可危：岌岌，非常危險的樣子。形容非常危險。

若無其事：好像沒有那麼一回事。形容神色鎮定自然。

晉靈公問：「甚麼小絕技？」

荀息說：「我能把十二個棋子疊起來，再把九個雞蛋一個個加上去而不會倒下來。」

晉靈公覺得有趣，消除了戒心，同意讓他表演。荀息**屏氣凝神**地把棋子堆起來，再小心翼翼地把雞蛋一個個疊上去。旁邊觀看的人個個瞪大眼睛看着**搖搖欲墜**的雞蛋，而晉靈公在一旁更是看得**提心吊膽**，緊張得連聲喊道：「危險啊！危險啊！」

荀息卻**慢條斯理**地說：「這怎算危險呢？還有比這更危險的呢！」

晉靈公連忙問：「還有更危險的？快讓我見識見識！」

荀息沉痛地說：「大王，您建的九層高臺建了三年還沒建好，令國內**人仰馬翻**，男人無法耕田，女人無法織布，國庫

屏氣凝神：屏住呼吸，集中精神。比喻十分專心。

搖搖欲墜：搖搖晃晃，很快就要掉落傾倒。形容不穩固，十分危險。

提心吊膽：形容心裏擔心恐懼，無法平靜下來。

慢條斯理：不慌不忙地按照條理說話做事。也形容說話做事不慌不忙。

人仰馬翻：人馬被打得仰翻在地。形容被打得慘敗，也比喻亂得一塌糊塗，不可收拾。

空虛，百姓叫苦連天。現在鄰國正虎視眈眈要入侵，我們國家已危在旦夕！您說，這不是更危險嗎？」

晉靈公見荀息說得合情合理，態度婉轉誠懇，這才明白建造高臺對國家有這麼大的危害。他歎了口氣，說：「我的過失竟然嚴重到這種程度！」於是立刻下令停止建造高臺。成語「危如累卵」就是比喻情況危急，就像疊起來的雞蛋，隨時都會摔破。

成語自學角

虎視眈眈：比喻心懷不軌，如老虎般貪狠地注視着，伺機掠奪。

危在旦夕：旦夕，指時間短暫。比喻危險在短時間內即將發生。

危如累卵：形容形勢極危險，如同疊起來的蛋，隨時都有倒下來的可能。

為甚麼荀息要用比喻的方法規勸晉靈公？

試從這個故事所學的成語中，選擇最適當的填寫在橫線上。

1. 這家餐館生意很好，每到用餐時間，店裏就忙得 ________________________。

2. 圍棋比賽中，選手個個 ____________，思索着下一步棋該怎麼走。

3. 雖然你犯了很大的錯，但若 ____________，不肯改過，我也愛莫能助。

4. 他們兩個剛剛才大吵了一架，現在卻又 ____________ 地有說有笑。

5. 經歷了哪次可怕的意外後，我總是 ____________，不能安心下來。

6. 颱風即將來襲，農夫 ____________，深怕農作物會被風雨摧毀。

7. 這個架子 ____________，原來有一個螺絲鬆脫了。

8. 不管事情有多急，小天總是 ____________ 地處理着，跟他合作的同事只能在一旁乾着急。

小偷妙退齊兵

子發是楚國的將軍，只要有**一技之長**的人，他都會招攬到自己麾下，在適當的時機善用這些人的才能。楚國有一位「神偷」聽說了，便去投靠子發。

小偷對子發說：「我以前雖然做些**偷雞摸狗**的事情，但若您能任用我，我會**不遺餘力**為您效**犬馬之勞**。」

子發非常高興，連忙從座位起來，對小偷**以禮相待**。小偷見子發如此尊重自己，簡直是**受寵若驚**。旁人都勸阻子發，但他卻擺擺手說：「我自有道理，以後你們就會明白。」

後來齊國發兵攻打楚國，子發奉命率領軍隊

成語自學角

一技之長：具有某種技能或專長。

偷雞摸狗：指偷竊的行為；也形容做事偷偷摸摸，不光明正大。

不遺餘力：遺，留。餘力，剩餘的力量。形容竭盡全力，毫無保留。

犬馬之勞：像犬馬一樣付出辛勞。舊時人臣對君王表達效忠之心，也用來表示願為他人效勞的用語。

以禮相待：用尊敬、禮貌的態度來對待別人。

受寵若驚：因意外受到寵愛，所以喜悅中帶有不安。

氣焰熏天：比喻人的氣勢極盛，如火焰般逼人，熏炙天空。

迎戰。兩國交鋒了三次，楚軍都敗陣下來。眼見齊兵**氣焰熏天**，楚軍陣營裏大大小小的將士，聚集在軍帳內苦思計策，他們**絞盡腦汁**，卻始終**一籌莫展**。

小偷說：「我有辦法，讓我去試試吧！」子發同意了。

夜裏，小偷溜進齊軍軍營裏，**神不知，鬼不覺**地將齊軍統帥的帷帳偷了出來，交給子發。子發派使者將帷帳送還給齊營，並若無其事地對齊軍說：「昨日我方士兵出外砍柴，拾獲貴國統帥的帷帳，特前來送還。」齊兵一時**面面相覷**，**瞠目結舌**。

第二天，小偷又潛入齊營，偷回齊軍統帥的枕頭。子發同樣派人送還。

絞盡腦汁： 腦汁，比喻思考力。形容費盡腦力，用盡心思去思考。

一籌莫展： 籌，古代用來計算數量的竹條，引申為辦法。一點辦法也施展不出來，比喻毫無辦法。

神不知，鬼不覺： 神、鬼都無法察覺。指行事隱密，沒有人知曉。

面面相覷： 你看我，我看你，相視無言。後用來形容驚懼、詫異而不知所措的樣子。

瞠目結舌： 眼睛睜大，舌頭打結。形容吃驚或受窘而說不出話來的樣子。

第三天，小偷第三次潛入齊營，這回取走了齊軍統帥的頭簪。子發仍然派人送還。

接連三天遭敵人入侵軍營，在齊軍中掀起軒然大波，士兵議論紛紛，齊國統帥更是驚恐萬分。統帥對大家說：「今天再不退兵，恐怕楚國要取我的人頭了！」於是立刻退兵。

大家都對小偷刮目相看，而眾人更是佩服子發的用人之道。

成語自學角

軒然大波： 高揚壯大的波濤。比喻大的糾紛或風波。

議論紛紛： 不停的揣測、討論。

刮目相看： 指將眼前舊有的認識刮除，重新看待。形容用新的眼光來看待人。

看完這篇故事後，你認為一個優秀的領導者，需要具備哪些特質？

試從以下表格中，找出七個帶「偷」字的成語，填上顏色。

狼	香	偷	花	合	忙	偷
偷	雞	摸	狗	米	裏	雞
工	暗	榮	忍	辱	偷	生
減	鑿	偷	負	氣	閒	蝕
料	壁	活	生	奪	強	把
鼠	偷	天	換	日	細	米
偷	光	名	明	搶	暗	偷

尋求千里馬

從前有個國君非常喜愛駿馬，並承諾願意以一千金買一匹千里馬。但是三年時間過去了，他連千里馬的影子也沒有見到。

一個大臣看到國君因得不到**朝思暮想**的千里馬，而**怏怏不樂**，便**自告奮勇**對他說：「請您把買馬的任務交給我吧！您再耐心等待一段時間，一定會**如願以償**的。」

國君見他自信滿滿的樣子，便答應了他的請求。這個大臣**東奔西走**，用了三個月時間，總算打聽到千里馬的消息。可是當大臣見到那匹馬時，馬卻死了。

這位大臣**足智多謀**，他心生一計，還是用五百金買下了那匹死馬的頭。大臣帶着馬頭去晉

成語自學角

朝思暮想：白天晚上都在想。比喻非常想念。

怏怏不樂：怏怏，不快樂的樣子。心中鬱悶不快樂。

自告奮勇：自動請求負責某項任務。

如願以償：償，實現。指心願得以實現。

東奔西走：到處奔波。多指為生活所迫或為某一目的四處奔走活動。

足智多謀：富有智慧，善於謀劃。形容人善於料事和用計。

見國君，開口就說：「我已經為您找到千里馬了！」

國君**大喜過望**，連忙問道：「馬在哪裏？快牽來！」

大臣打開包裹，把馬頭獻給國君。

他看到那顆死馬頭，**聲色俱厲**地說：「我要的是能載我馳騁沙場、雲遊四海、**日行千里**的活馬，而你卻花五百金買一個死馬頭來**敷衍塞責**，你到底在玩甚麼把戲？」

大臣說：「請國君息怒。世上的千里馬是**鳳毛麟角**，不是在市場上輕易見得到的。我花五百金買下死馬的頭，僅是

大喜過望：過，超過。望，希望。指結果比原來希望的更好，因而感到特別高興。

聲色俱厲：說話時的聲音和臉色都很嚴厲。

日行千里：每天跑千里之遠。形容速度很快。

敷衍塞責：表面應付，以了卻責任。形容做事不認真負責。

鳳毛麟角：鳳凰的羽毛，麒麟的角。用來比喻珍貴稀有的人、物。

拋磚引玉，向天下人昭示國君買千里馬的誠意和決心——連死馬的頭都如此重視，何況是一匹活馬呢？消息一旦傳揚開去，即使有千里馬藏匿於深山密林、**天涯海角**，養馬人也一定會主動牽馬**紛至沓來**。」

果不其然，此後不到一年的時間裏，接連有好幾個人領着千里馬來見國君。

成語自學角

拋磚引玉：拋出磚石，引來美玉。比喻用自己粗淺的、不成熟的意見引出別人高明的、成熟的意見。

天涯海角：指遙遠的地方。亦形容彼此相隔極遠。

紛至沓來：紛，眾多、雜亂。沓，多、重複。形容接連不斷地到來。

果不其然：果然如此。指事情的結果如預期一樣。

如果你是故事中的大臣，你會如何為國君求得千里馬？

寫一寫

試從這個故事所學的成語中，選擇最適當的填寫在橫線上。

1. 他一直夢想登上國際舞台表演，不知要花多少時間才能 ______________________。

2. 看到弟弟「滿江紅」的成績單，媽媽 ____________ 地訓斥他。

3. 小晴最近運氣不好，莫名其妙的倒霉事 ____________，讓她十分氣餒。

4. 因為人命攸關，所以建築物的安全檢查絕對不可以 ______________________。

5. 我猜想婷婷若不是去飾品店，就是去書店，____________，我在書店找到她了。

6.《三國演義》的眾多角色裏，我最喜歡 ____________ 的諸葛孔明。

7. 收到好朋友轉校的消息，家強一整天 ____________，躲在房間裏不出來。

8. 小花一向熱心，只要能力所及，她就會 ____________ 為大家服務。

成語練功房參考答案

張良撿鞋

	老	當	益	壯	風	燭
血	氣	方	剛	行	年	殘
髮	鶴	皮	怒	將	老	而
老	忍	雞	火	就	木	顏
態	氣	山	日	光	皓	首
龍	吞	西	薄	日	顏	蒼
鍾	聲	扶	老	攜	幼	好

萬字難寫

1. 腰纏萬貫
2. 興味索然
3. 輕而易舉
4. 白手起家
5. 叫苦連天
6. 日落西山
7. 茅塞頓開
8. 津津有味
9. 目不識丁
10. 愁眉苦臉

完全照抄

1. 博覽羣書
2. 突發奇想
3. 露出馬腳
4. 愁雲慘霧
5. 大發雷霆
6. 威風凜凜
7. 真才實學
8. 七上八下

神童變凡人

1. 得天獨厚
2. 將信將疑
3. 慕名而來
4. 不可同日而語
5. 一傳十，十傳百
6. 有利可圖
7. 指日可待
8. 嘖嘖稱奇

紙上談兵的趙括

1. 紙上談兵
2. 後生可畏
3. 如鳥獸散
4. 隨機應變
5. 困獸之鬥
6. 生死攸關
7. 深謀遠慮
8. 速戰速決

壽陵少年學走路

1. 東施效顰
2. 生搬硬套
3. 依樣畫葫蘆
4. 蕭規曹隨

5. 如法泡製
6. 人云亦云

釘子

這場突如其來的地震，令不計其數的房屋倒塌損毀，地上出現觸目驚心的裂痕。大地震不但使整個城市變成廢墟，千瘡百孔，也震垮了不少人的家，有人絕望地痛哭流涕，心中留下不可磨滅的傷痛。(答案僅供參考)

破水桶

1. 花花綠綠
2. 鳥語花香
3. 春暖花開
4. 花團錦簇
5. 百花齊放
6. 含苞待放
7. 萬紫千紅
8. 花紅柳綠

道聽塗說

1. 子虛烏有
2. 一笑置之
3. 天南地北
4. 怒氣填胸
5. 斷章取義
6. 登門造訪
7. 以訛傳訛
8. 天花亂墜
9. 目見耳聞

不同的地方

1. 一如既往
2. 相去無幾
3. 忿忿不平
4. 三腳兩步
5. 絮絮叨叨
6. 不置可否
7. 寥寥無幾
8. 虛應故事

神品

1. 不厭其煩
2. 掂斤估兩
3. 一氣呵成
4. 直言不諱
5. 一絲不苟
6. 聚精會神
7. 患得患失
8. 不由自主

香味買賣

1. 錙銖較量
2. 斤斤計較
3. 善財難捨
4. 一毛不拔
5. 愛錢如命

沒有主見的人

1. 美輪美奂
2. 夢寐以求
3. 兩全其美
4. 言之有理
5. 五體投地
6. 人云亦云
7. 玩歲愒日
8. 一事無成

無禮的施捨

圖中人物蓬頭垢面、衣衫襤褸，衣服都是大大小小的補丁，一幅沮喪落魄的樣子。他平日只吃麵包和喝清水，已很久沒吃肉了，看起來愁眉苦臉，像是餓了很久的樣子。(答案僅供參考)

高價買鄰居

一天，我和媽媽去逛街。媽媽在服裝店看到一條粉紅色的長裙，便向老闆詢問價錢。這家店的老闆竟然漫天討價，說這條裙價值一萬元。不過，媽媽認為裙子太美麗，不假思索就買下來。(答案僅供參考)

勤儉不分家

(1) 萬貫家財
(2) 暴殄天物
(3) 揮霍無度
(4) 坐吃山空
(5) 入不敷出
(6) 節衣縮食
(7) 挨餓受凍
(2)、(3) 題答案可對調

是誰的功勞

1. 惴惴不安
2. 對症下藥
3. 於事無補
4. 寢食難安
5. 思前想後
6. 功成不居
7. 病入膏肓
8. 胡思亂想

種瓜與毀瓜

1. 阿祥在田徑比賽前不小心扭傷腳，幾個月以來的訓練盡付東流。
2. 他們兩個是一對愛鬥嘴的好朋友，上一秒吵到反目成仇，下一秒就重修舊好。
3. 今天考試，明天也考試，後天還有考試，沒完沒了，真是惡夢啊！(答案僅供參考)

最後一桶水

1. 咬緊牙關
2. 苦苦哀求
3. 招架不住
4. 不知去向
5. 長途跋涉
6. 悲痛欲絕
7. 碩果僅存
8. 喜極而泣

一條新長褲

1. 任勞任怨
2. 輾轉反側
3. 養家活口
4. 忍俊不禁
5. 芝麻小事
6. 難能可貴
7. 無微不至
8. 心靈手巧

享受生活

1. 一鼓作氣
2. 乘風破浪
3. 目光如豆
4. 浩浩蕩蕩

5. 優哉遊哉
6. 怫然作色
7. 眉飛色舞
8. 滿載而歸

銅鑼聲

1. 人聲鼎沸　2. 面如死灰
3. 晴天霹靂　4. 樂善好施
5. 置之腦後　6. 緊鑼密鼓
7. 長吁短歎　8. 吃不下咽

賺小費

1. 老當益壯　2. 誠惶誠恐
3. 氣喘吁吁　4. 大名鼎鼎
5. 揮汗如雨　6. 彬彬有禮
7. 不以為意　8. 日積月累

小物立大功

1. 迎刃而解　2. 先見之明
3. 寸步難行　4. 物盡其用
5. 不堪設想　6. 獨具慧眼
7. 坐困愁城　8. 風和日麗

審問竹篩

1. 他們兩兄弟一天到晚為了玩具你爭我奪，吵得爸媽心煩極了。
2. 車站前面有街頭藝人在唱歌，那裏觀者如堵，十分熱鬧。
3. 你空口無憑，怎麼能誣賴我是偷腳踏車的人呢？

葬馬的方法

1. 充耳不聞　2. 聲淚俱下
3. 三令五申　4. 芒刺在背
5. 養尊處優　6. 意在言外
7. 大錯特錯　8. 正經八百

機智晏嬰

1. 不可一世　2. 出言不遜
3. 啞口無言　4. 摩肩接踵
5. 人才濟濟　6. 不動聲色
7. 冷嘲熱諷　8. 不卑不亢

危如累卵

1. 人仰馬翻　2. 屏氣凝神
3. 執迷不悟　4. 若無其事
5. 提心吊膽　6. 憂心忡忡
7. 搖搖欲墜　8. 慢條斯理

小偷妙退齊兵

狼	香	偷	花	合	忙	偷
偷	雞	摸	狗	米	裏	雞
工	暗	榮	忍	辱	偷	生
減	鑿	偷	負	氣	間	蝕
料	壁	活	生	奪	強	把
鼠	偷	天	換	日	細	米
偷	光	名	明	搶	暗	偷

尋求千里馬

1. 如願以償　2. 聲色俱厲
3. 紛至沓來　4. 敷衍塞責
5. 果不其然　6. 足智多謀
7. 怏怏不樂　8. 自告奮勇

成語分類

分類	成語
待人處事	【認真】鄭重其事、正經八百、煞費苦心 【不認真】敷衍塞責、敷衍了事、虛應故事 【謹慎】深謀遠慮、按部就班、寧缺勿濫 【勤懇】任勞任怨、犬馬之勞、事必躬親、不遺餘力 【堅毅】持之以恆、咬緊牙關 【細心】體貼入微、無微不至、鉅細靡遺、一絲不苟 【恭敬】畢恭畢敬、以禮相待 【謙虛】功成不居、不卑不亢 【做事暢達】一鼓作氣、一氣呵成 【正義】剛正不阿、天地良心、以德報怨、志誠高節 【熱心】樂善好施、扶危濟困、自告奮勇 【佩服】五體投地、心折首肯 【自大】自高自大、不可一世、氣焰熏天、獨斷專行、執迷不悟 【逞強】好勇鬥狠、不甘示弱、血氣方剛 【存心不良】不懷好意、處心積慮、虎視眈眈、偷雞摸狗、威脅利誘、興風作浪、肆無忌憚、有利可圖 【爭奪】你爭我奪、相持不下、掠人之美 【過分計較】一毛不拔、斤斤計較、掂斤估兩、鼠肚雞腸 【假裝】裝瘋賣傻、煞有介事 【親身體驗】身體力行、目見耳聞 【人際關係】割席分坐、重修舊好、面面俱到 【不在乎】一笑置之、置若罔聞、置之腦後、充耳不聞、滿不在乎、不以為意 【靈活】隨機應變【剛硬】鐵石心腸【畏縮】打退堂鼓【報復】以牙還牙【耐心】不厭其煩【自省】反求諸己【失約】臨期失誤【好功名】好大喜功
事態情況	【處事能力】一籌莫展、無能為力、招架不住、欲振乏力、無補於事 【危險】岌岌可危、搖搖欲墜、危如累卵 【事業發展】各奔前程、大展鴻圖、平步青雲、乘風破浪、白手起家、不知去向、窮途末路、一事無成 【難／易】談何容易／輕而易舉、迎刃而解、綽綽有餘 【緊急】十萬火急、事不宜遲、生死攸關、緊鑼密鼓、速戰速決 【相同／相似】毫無二致、一如既往、如法炮製、無獨有偶 【比較】相去不遠、相去無幾、相形見絀、迥然不同 【改變】判若兩人、不可同日而語、刮目相看 【窘困】騎虎難下、進退維谷、困獸之鬥、人仰馬翻、碰一鼻子灰

分類	成語
事態情況	【戰爭】烽火連天、軍令如山、堅壁清野 【忙碌】奔波勞碌、分身乏術、不可開交、東奔西走 【稀奇程度】不足為奇、荒誕不經、咄咄怪事 【出名】有聲有色、口碑載道、遐邇聞名、大名鼎鼎 【合作程度】單槍匹馬、寡不敵眾、相輔相成 【小事】芝麻小事、無關痛癢、細枝末節、鳳毛麟角、竹頭木屑 【人羣】人聲鼎沸、摩肩接踵、觀者如堵、如鳥獸散、寸步難行 【做事不當】事倍功半、自討沒趣、自討苦吃、大錯特錯 【希望落空 / 成真】盡付東流 / 如願以償、滿載而歸、不虛此行 【壞結果】不堪設想、軒然大波 【真假】昭然若揭、露出馬腳、子虛烏有 【連續不斷】紛至沓來、沒完沒了 【完美】無可非議、十全十美、兩全其美 【消失】九霄雲外、一掃而空 【事理深淺】不言而喻【計謀】如意算盤【冷清】門可羅雀【祕密】神不知，鬼不覺
心情感覺	【生氣】勃然大怒、怒火中燒、大發雷霆、怒氣填胸、忿忿不平、義憤填膺、七竅生煙 【開心】興高采烈、喜上眉梢、轉悲為喜、樂不可支、笑容可掬、喜不自勝、喜極而泣、大喜過望、心潮澎湃 【不安】惴惴不安、寢食難安、誠惶誠恐、七上八下、芒刺在背、提心吊膽、患得患失 【憂傷】悲痛欲絕、坐困愁城、怏怏不樂、愁雲慘霧、鬱鬱寡歡、垂頭喪氣、輾轉反側、憂心忡忡 【有 / 沒有興致】津津有味、興致勃勃 / 興味索然 【驚奇】嘖嘖稱奇、歎為觀止、匪夷所思、受寵若驚 【震驚】晴天霹靂、觸目驚心 【精神愉悅】精神抖擻、心曠神怡 【豁然了悟】豁然開朗、茅塞頓開 【羞愧】自慚形穢、無地自容 【不情願】勉為其難、忍氣吞聲 【渴望】夢寐以求、朝思暮想 【同情】愛莫能助【懷疑】將信將疑【矛盾】啼笑皆非【難忘】不可磨滅

分類	成語
外貌神態	【得意】志得意滿、眉飛色舞、躊躇滿志 【年老】老態龍鍾、皓首蒼顏、老當益壯 【瘦削】面黃肌瘦、瘦骨嶙峋 【憂愁】愁眉苦臉、面如死灰、悽悽惶惶 【生氣】暴跳如雷、怒目而視、聲色俱厲、怫然作色 【鎮定】若無其事、神安氣定、不動聲色 【女性儀表】婀娜多姿、千嬌百媚、花枝招展 【男性儀表】虎步龍行、威風凜凜、英姿颯爽、虎背熊腰 【文雅】溫文爾雅、彬彬有禮 【震驚】瞠目結舌、面面相覷 【骯髒】蓬頭垢面、衣衫襤褸 【狼狽】抱頭鼠竄、狼狽不堪 【疲累】軟弱無力、精疲力竭 【專注】屏氣凝神、聚精會神 【脫俗】仙風道骨【大汗】揮汗如雨【奇特】不倫不類【平凡】其貌不揚
舉止動作	【思考】不假思索、思前想後、胡思亂想、百思不解、絞盡腦汁、突發奇想 【憂傷】叫苦連天、食不下咽、長吁短歎、聲淚俱下、苦苦哀求 【笑】相視而笑、忍俊不禁、啞然失笑 【從容】不疾不徐、慢條斯理 【快速】步履如飛、日行千里、三腳兩步 【拜訪】慕名而來、登門造訪 【喘氣】氣喘如牛、氣喘吁吁 【離開】揚長而去、拂袖而去 【讚賞】拍案叫絕【行動不便】步履維艱【打架】大打出手【反應】不由自主
言詞談吐	【有／沒有理據】頭頭是道、振振有辭、言之有理、理直氣壯、言之鑿鑿、正言厲色、辯才無誤／自圓其說、理屈詞窮、啞口無言 【隨便】口不擇言、道聽塗說、以訛傳訛、斷章取義 【聊天】天南地北、談天說地 【空談】天花亂墜、空口無憑、紙上談兵 【囉唆】絮絮叨叨、唸唸有詞 【附和】隨聲附和、人云亦云 【沉默】默不作聲、無話可說、一言不發 【咒罵】破口大罵、出言不遜、冷嘲熱諷 【多人】人多嘴雜、眾說紛紜、議論紛紛、一傳十，十傳百 【直率／婉轉】直言不諱／意在言外、拋磚引玉

分類	成語
言詞談吐	【強調】三令五申、一而再，再而三、千叮萬囑 【勸諫】犯顏苦諫【譴責】興師問罪【立場】不置可否【冷靜】平心而論
才華能力	【成就】名垂青史、功成名就 【學識豐富】飽學之士、博覽羣書、真才實學、知書達禮 【沒有學識】目不識丁、胸無點墨、不學無術 【奇才】得天獨厚、出類拔萃、脫穎而出、足智多謀、雄才大略、聞一知十 【庸才】碌碌無能、碌碌庸才 【技藝】一技之長、一揮而就、心靈手巧、一無所長 【對事的眼光】先見之明、獨具慧眼、大開眼界、目光如豆 【年輕人才】後生可畏、孺子可教 【人才】人才濟濟【經驗豐富】身經百戰
自然景觀	【花朵】花團錦簇、搖曳生姿、花花綠綠、生意盎然 【荒蕪】杳無人煙【天氣】風和日麗【廣闊】綿延不絕【氣勢雄偉】浩浩蕩蕩
生老病死	【病患】病入膏肓、對症下藥、奄奄一息、危在旦夕 【死亡】撒手人寰、一命嗚呼 【禍福】命中注定、不祥之兆
衣食住行	【富裕】腰纏萬貫、萬貫家財、養尊處優 【貧困】節衣縮食、入不敷出、身無長物 【悠閒】優哉遊哉、怡然自得 【貪圖安逸】好逸惡勞、玩歲愒日、腦滿腸肥 【遙遠】千里迢迢、長途跋涉、天涯海角 【揮霍】揮霍無度、暴殄天物、坐吃山空 【民生困苦】勞民傷財、民窮財盡、民不聊生、流離失所、大興土木、赤地千里 【工作】養家活口、成家立業、日出而作，日入而息 【價錢】漫天討價、物美價廉 【悔辱】嗟來之食【收成】五穀豐登
物體狀態	【數目多】不計其數、堆積如山 【數量少】寥寥無幾、碩果僅存、難能可貴 【物體外表】歪七扭八、千瘡百孔、美輪美奐 【珍惜物品】敝帚自珍、物盡其用 【書法字體】龍飛鳳舞
時間	【時間流轉】日復一日、與日俱增、日積月累 【年代長久】千秋萬世、世世代代 【黃昏】日落西山【人生短暫】人生朝露【不久將來】指日可待
其他	【權勢】達官貴人【功勞】無功受祿【國家】泱泱大國【世界】普天之下

責任編輯　余雲嬌
裝幀設計　龐雅美
排　　版　陳美連
印　　務　劉漢舉

趣味閱讀學成語 5

主編／　謝雨廷　曾淑瑾　姚嵐齡

出版／中華教育
香港北角英皇道 499 號北角工業大廈 1 樓 B 室
電話：(852) 2137 2338
傳真：(852) 2713 8202
電子郵件：info@chunghwabook.com.hk
網址：https://www.chunghwabook.com.hk

發行／香港聯合書刊物流有限公司
香港新界荃灣德士古道 220-248 號荃灣工業中心 16 樓
電話：(852) 2150 2100
傳真：(852) 2407 3062
電子郵件：info@suplogistics.com.hk

印刷／高科技印刷集團有限公司
香港葵涌和宜合道 109 號長榮工業大廈 6 樓

版次／ 2022 年 11 月第 1 版第 1 次印刷

規格／ 16 開 (230 mm × 170 mm)
ISBN ／ 978-988-8809-02-8